TRAVAIL

EXTRAIT DES

ANNALES DE GYNÉCOLOGIE

PARIS

H. LAUWEREYNS, LIBRAIRE-ÉDITEUR

2, RUE CASIMIR DELAVIGNE, 2

1877

AFFECTIONS

DES

ORGANES GÉNITAUX ET SEXUELS

DE LA FEMME

AFFECTIONS

DES

ORGANES GÉNITAUX

ET SEXUELS

DE LA FEMME

LEÇONS SUR LA PATHOGÉNIE PROFESSÉES A L'HOPITAL DE LOURCINE

PAR

M. L. MARTINEAU

Médecin de l'hôpital de Lourcine.
Chevalier de la Légion d'honneur, etc., etc.

(Recueillies et rédigées par M. Barthélemy, interne des hôpitaux.)

Extrait des Annales de Gynécologie
1877.

PARIS

H. LAUWEREYNS, LIBRAIRE-ÉDITEUR

2, RUE CASIMIR-DELAVIGNE, 2,

1877

AFFECTIONS DES ORGANES

GÉNITAUX ET SEXUELS

DE LA FEMME

Messieurs,

Le cours que j'ouvre aujourd'hui a pour objet l'étude des affections de l'appareil génital et sexuel de la femme.

En instituant à l'hôpital de Lourcine, les mercredi et samedi de chaque semaine, des conférences cliniques qui auront lieu pendant toute l'année, mon but a été de vous initier à l'étude pratique, à l'étude clinique des affections des organes génitaux et sexuels de la femme. Ceux d'entre vous qui veulent bien suivre ces conférences ont pu se rendre compte de la moisson abondante de faits qui se trouvent dans cet hôpital. Ils ont pu les étudier cliniquement, c'est-à-dire suivre pas à pas la marche, le pronostic, le traitement des affections qu'ils ont été à même d'observer. Ils ont pu comparer entre elles ces affections, en poser le diagnostic et surtout en rechercher la pathogénie, base de toute thérapeutique raisonnée. Les leçons que j'inaugure aujourd'hui, et que je me propose de faire tous les ans à la même époque, ne sont que le complément de nos études cliniques journalières.

Cette année, laissant de côté la syphilis, mon intention es
de ne m'occuper que des affections utérines et vulvaires.

L'étude des affections utérines est, pour le médecin, des plus
importantes; car ces affections se présentent si souvent dans
sa pratique journalière, que, s'il n'en a pas fait une étude, je
ne dirai pas approfondie, mais assez sérieuse, il est exposé à
commettre des erreurs qui seraient très-préjudiciables pour les
malades et pour sa considération. Aussi j'avoue que mon éton-
nement est grand lorsque je vois cette étude complètement dé-
laissée dans l'enseignement officiel. Ni dans les cours dogma-
tiques, ni dans les cliniques de la Faculté de Paris, les maladies des femmes sont l'objet d'un cours régulier. Il en résulte
que les étudiants quitteraient les bancs de l'école sans avoir ac-
quis la moindre notion sur la pathologie utérine, s'ils ne trou-
vaient dans l'enseignement libre de mes collègues des hôpitaux
les moyens de compléter leur instruction médicale. Voulant, à
mon tour, messieurs, marcher sur les traces de mes maîtres
dans les hôpitaux et sur celles des savants médecins, Huguier,
Gosselin, Alphonse Guérin, Noël Gueneau du Mussy, Bernutz,
Fournier, qui m'ont précédé dans cet hôpital, je n'ai pas hésité
à vous ouvrir les portes de mon service, grâce à l'appui bien-
veillant de l'administration générale des hôpitaux qui voudra
bien continuer, je l'espère, à me prêter le plus actif concours
pour le mieux de votre instruction.

L'étude des affections utérines est des plus importantes, ai-je
dit. Pour vous en rendre compte, vous n'avez qu'à considérer les
fonctions physiologiques de l'utérus, les sympathies nombreuses
qu'il éveille dans l'organisme, la fréquence des lésions qui l'atteignent.

Au point de vue des fonctions physiologiques, qu'il me suffise pour l'instant de vous rappeler que l'utérus est un organe
dont l'activité fonctionnelle est toute passagère, et que, suivant
l'heureuse expression d'un grand clinicien dont vous m'enten-
drez souvent citer le nom, le Dr Pidoux, « l'utérus se greffe sur
l'organisme à la manière d'un parasite, et que ses souffrances
pendant sa période d'action sont d'autant plus variées que son
existence est plus précaire. » En effet, les fonctions physiolo-

giques de l'utérus, que j'étudierai plus en détail dans une autre circonstance, sont transitoires comme l'organe lui-même. « Sa vie dure trente ans environ, dit le Dr Tillot ; rudimentaire jusqu'à la puberté, il s'atrophie dans la vieillesse en passant par trois phases successives. Dans la première période, de repos, il est dans l'inactivité la plus complète, son existence n'est en quelque sorte révélée que par la présence du col, qui est aussi le plus souvent la seule partie souffrante de l'organe. Dans la deuxième période, celle d'activité ou d'évolution, il est appelé à remplir deux fonctions nouvelles : la menstruation et souvent celle de la gestation. Enfin, à cette période toute d'exubérance, succède le calme le plus complet, il reprend presque le volume qu'il avait dans l'enfance, chacune des fonctions qu'il remplit: menstruation, grossesse, accouchement, constitue une imminence morbide, et il n'est pas étonnant que les moindres causes altèrent un organe si susceptible de devenir malade.

L'utérus étant, messieurs, le centre des changements opérés dans l'organisme, au moment de la puberté et de la ménopause, changements que vous connaissez et sur lesquels je ne puis insister en ce moment, vous ne vous étonnerez pas qu'il soit l'organe dont les altérations se feront le plus vivement sentir sur la santé de la femme. Aussi est-ce dans cette synergie fonctionnelle qui rattache l'utérus aux autres organes qu'il faut placer la double réaction de l'utérus sur l'économie, et de l'économie sur l'utérus. Cette double réaction, ne l'oubliez pas, messieurs, est de la plus grande importance dans l'étude des affections utérines. Vous aurez à compter avec elle à chaque pas que vous ferez dans cette voie si difficile et si délicate. Elle vous donne la clef de bien des problèmes pathologiques que vous aurez à résoudre.

Elle vous indique à elle seule que non-seulement les affections utérines éveillent dans l'organisme des sympathies morbides nombreuses, variées, qui prenant la première place dans le tableau symptomatique des lésions de la matrice sont l'occasion de nombreuses erreurs de diagnostic, mais elle indique encore que l'appareil génital de la femme peut devenir malade par le fait d'une maladie générale, ainsi que je vous le démontrerai dans un instant.

Les phénomènes morbides sympathiques éveillés par des lésions utérines sont nombreux, ainsi que vous le verrez, lorsque j'appellerai sur eux toute votre attention. Qu'il me suffise pour l'instant de vous signaler, au point de vue de l'importance que j'attache à l'étude des affections utérines, les troubles des fonctions digestives : dypepsie stomacale et dypepsie gastro-intestinale, gastralgie ; le trouble des fonctions du cœur : palpitations ; les troubles nerveux les plus variés : névralgies, hystéricisme, vapeurs, hystérie, paralysies musculaires, convulsions ; les troubles intellectuels, tels que les hallucinations, les illusions, la monomanie homicide et suicide, etc., etc.

Vous comprenez très-bien, en présence de ces troubles sympathiques si variés, que si vous n'attribuez pas à leur véritable origine tous ces troubles morbides, non-seulement votre diagnostic sera erroné, mais votre thérapeutique laissera beaucoup à désirer.

Tout d'abord vous serez étonné de ne pas réussir alors que les mêmes moyens thérapeutiques réussissaient dans des cas que vous croyez identiques. — Vous modifierez alors vos moyens, vous les modifierez même plusieurs fois, jusqu'à ce que fatigué de tant de luttes, sans avoir obtenu le plus petit résultat, vous abandonnerez la place, si déjà la malade, fatiguée de souffrir, ne vous a pas remercié pour demander à un confrère plus attentif, plus observateur, un soulagement à ses souffrances.

Il est donc de toute nécessité, chez une femme qui accusera des phénomènes morbides nerveux ou autres, à allure insolite, de rechercher avec le plus grand soin l'état des fonctions de l'appareil génital. — Il est de même tout aussi nécessaire, ainsi que je vais vous le démontrer, de rechercher la pathogénie de l'affection utérine ; car au point de vue thérapeutique, vous seriez exposés aux mêmes mécomptes.

La fréquence des affections utérines prouve aussi toute l'importance des études gynécologiques. — Ceux d'entre vous qui suivent mes conférences cliniques, et qui assistent à l'examen des malades de mon service, sont étonnés du nombre d'affections utérines soumises à leur observation. — En effet, depuis le mois de janvier dernier, c'est-à-dire en trois mois, j'ai eu à traiter 71 *malades* atteintes de métrites, et plus de 100 *malades* si je tiens compte des affections du vagin et des annexes de l'utérus.

D'après ce chiffre, il est évident que les affections des organes génitaux et sexuels sont fréquentes ; mais est-ce à dire qu'elles sont plus nombreuses qu'elles ne l'étaient autrefois ! Il ne faut pas tomber dans l'exagération dont Lisfranc a fait justice avec raison. En effet, elles ne sont pas plus communes. Les anciens médecins les connaissaient, ils les considéraient même, comme causées par les maladies générales. Mais privés des moyens d'exploration que nous possédons aujourd'hui, ils ne les reconnaissaient pas toutes, et ils n'ont pu en donner une description complète. Avec Récamier qui a remis en honneur le spéculum inventé, dit-on, par Paul d'Egine, les examens des parties génitales de la femme devinrent plus fréquents, et, l'on put reconnaître ainsi plus facilement des affections utérines qui passaient inaperçues, cachées qu'elles étaient par des phénomènes sympathiques qui absorbaient toute l'attention du médecin. Aussi, pouvons-nous dire, avec le professeur Courty : que les maladies utérines ne sont pas aujourd'hui plus fréquentes. On les reconnaît mieux, voilà l'expression de la vérité.

Les affections utérines comparées à celles des autres organes, pharynx, larynx, bronches, peau, etc., sont évidemment fréquentes. Comment en serait-il autrement, d'après ce que nous savons des fonctions de la matrice, de cet organe aboutissant naturel des phénomènes mobides, comme il est le point de départ de presque tous les désordres constitutionnels ! « Cette fréquence est si grande, dit M. Courty, qu'elle permet de présumer souvent l'existence d'une maladie utérine, quelque latente qu'elle soit d'abord. Quand on ne peut découvrir chez une femme malade, la cause des symptômes généraux plus ou moins grands, dans les altérations d'aucun autre appareil, il faut soupçonner l'appareil génital et diriger ses recherches de ce côté. »

Ces quelques mots suffisent pour vous montrer toute l'importance des études gynécologiques. J'aurais pu évidemment prouver que leur importance est encore plus grande, si j'avais voulu traiter devant vous certaines questions sociales qui méritent toute l'attention du médecin, vu le grand rôle qu'il est appelé à remplir dans la société ; mais, comme elles reviendront incessamment à mesure que nous avancerons dans cette étude, qu'elles reviendront surtout à propos de la stérilité et des questions de médecine légale que les affections utérines soulèvent si souvent, j'ai tenu à me borner à ces quelques explications sur l'importance que j'accorde à l'étude des affections utérines et sur les raisons qui m'ont porté à leur donner cette année la préférence sur les maladies vénériennes.

PATHOLOGIE GÉNÉRALE.

Pathogénie des affections utéro-vaginales.

Je veux profiter de la présence dans mes salles d'un certain nombre de malades atteintes d'affections utérines et vaginales, constitutionnelles et diathésiques, pour vous faire l'exposé de ma doctrine sur la pathogénie de ces affections. Cet exposé servira d'introduction à ces études de gynécologie.

Connaissant cette pathogénie, vous serez mieux à même de suivre l'étude symptomatologique et vous pourrez apprécier, en toute connaissance, les bases sur lesquelles je fais reposer les indications thérapeutiques générales des affections utéro-vaginales.

Les causes des affections utérines sont de deux ordres : elles sont *prédisposantes* ou *déterminantes.*

Les *causes prédisposantes* sont évidemment de beaucoup les plus nombreuses, et, nous pouvons dire avec Courty et la plupart des auteurs, que les affections de la matrice sont préparées de longue main, par des modifications lentes de la vitalité ou de la structure de l'organe, par l'influence latente et continue d'une diathèse ou d'un état constitutionnel.

Les *causes déterminantes*, occasionnelles, sont difficiles à préciser. On invoque bien la plupart du temps et avec raison, dans certains cas, le traumatisme, l'accouchement et l'avortement, etc., etc. Mais le plus ordinairement ces causes ne jouent qu'un simple rôle; elles ont bien pu, dit M. Courty, allumer l'incendie, mais elles n'ont pu ni le préparer, ni l'entretenir.

La véritable pathogénie des affections utérines, Messieurs, réside dans l'appréciation des causes prédisposantes. Celles-ci sont de deux ordres : les unes *locales*, les autres *générales*.

Les *causes prédisposantes locales* dépendent des conditions anatomiques et physiologiques de l'utérus. Nous y reviendrons plus tard.

Les *causes prédisposantes générales*, celles qui doivent nous occuper tout d'abord parce qu'elles constituent la véritable pathogénie des affections utérines, sont constituées par les maladies constitutionnelles, par les maladies diathésiques.

Mais avant d'aborder cette étude si difficile de la pathogénie, qui, vous le savez déjà, constitue, en partie, ma doctrine sur le développement des affections de l'utérus, il est essentiel de s'entendre sur les expressions : *maladie constitutionnelle, maladie diathésique, maladie, affection, symptôme.*

Pour moi, je définis avec mon maître, le Professeur Bazin, le célèbre médecin de l'hôpital Saint-Louis, la *diathèse*, une maladie aiguë ou chronique, pyrétique ou apyrétique, continue ou intermittente, contagieuse ou non contagieuse, caractérisée par la *formation d'un seul produit morbide* qui peut avoir son siége indistinctement dans tous les systèmes organiques. (Exemple : diathèses tuberculeuse, cancéreuse, etc.).

Sous le nom de *maladie constitutionnelle*, je désigne une maladie aiguë ou chronique, pyrétique ou apyrétique, continue ou intermittente, ordinairement à longues périodes, contagieuse ou non contagieuse, caractérisée par *un ensemble de produits morbides* et d'affections variées, sévissant indistinctement sur tous les systèmes organiques (exemple : scrofule, syphilis, herpétis oudartre, arthritis, etc.).

La *maladie*, pour moi, comme pour M. Bazin, est un état accidentel et contre nature de l'homme qui produit et développe un *ensemble* de désordres fonctionnels ou organiques, isolés ou réunis, simultanés ou successifs.

L'affection, c'est l'état morbide d'une partie du corps comprenant l'ensemble des lésions et des troubles fonctionnels qui reconnaissent pour cause la *maladie*.

Le *symptôme* est une modification morbide de l'action organique, de la fonction ou un changement perceptible aux sens dans les qualités physiques de l'organe ou des matières excrétées.

De la définition ainsi comprise de la maladie, il résulte que les troubles soit des fonctions, soit des organes, que les symptômes, aussi bien que les altérations matérielles sont, au même titre, des produits de la lésion et non de la maladie.

Ce n'est pas, Messieurs, la nature seule de la lésion qui constitue la gravité du mal et rend le pronostic plus ou moins fâcheux, c'est surtout la nature de la maladie. Il faut donc rechercher, en toute circonstance, cette nature. Tel doit être le but du médecin s'il veut porter un pronostic raisonné et, surtout, donner des indications thérapeutiques sérieuses.

Mais, Messieurs, je ne veux pas m'étendre plus longuement sur ces principes de pathologie générale. Il me serait facile de faire de l'érudition en discutant leur valeur, leur interprétation. Pour moi, ces principes reposent sur des bases solides, ils sont indiscutables ; ils m'ont toujours servi de guide dans l'étude de la pathologie, c'est à les faire triompher dans la pathologie des affections utérines que je vais m'appliquer.

D'après ces quelques mots, vous comprenez pourquoi il n'y a pour moi que des affections utérines et non des maladies utérines, de même que pour les lésions glanduleuses, granuleuses du pharynx, du larynx, je dis affections et non maladies. Aussi, je n'admets pas l'opinion de M. Courty, qui tout en disant que les lésions utérines sont très-souvent sous l'influence d'une diathèse, pense que du moment qu'elles se caractérisent par un simple trouble fonctionnel, par une altération de tissus ou par un changement de situation, elles sont bien réellement des *maladies* caractérisées par leurs symptomes propres, et que le traitement doit attaquer directement. Il craint qu'on accorde aux diathèses une influence exclusive ou tellement prépondérante que toutes les autres s'annihilent devant elles. Ce serait, dit-il, rendre le traitement par trop exclusif, et pour éviter un excès, se jeter dans un autre, pour éviter l'excès des cautérisations à outrance, se jeter dans la négation de tout traitement local.

Pour moi, Messieurs, je n'ai pas cette crainte. Je crois, au contraire, que c'est dans cette appréciation raisonnée de la pathogénie que réside l'avenir de la thérapeutique des affections utérines et je pourrais ajouter de toutes les affections en général. Tout en dirigeant contre l'état général une thérapeutique bien entendue, on n'abandonnera pas pour cela les moyens qui peuvent modifier l'état local. Ces moyens locaux donneront, au contraire, des résultats plus heureux, plus satisfaisants du moment qu'on modifiera le terrain qui entretient l'affection, c'est-à-dire la maladie générale. Du reste, est-ce que, pour l'angine granuleuse, la laryngite granuleuse, on néglige les moyens locaux (cautérisations, etc.) qui modifient la granulation, l'œdème, l'érythème, pour ne s'occuper que du traitement général? On combine les deux, et cela au profit du malade, but suprême que le médecin cherche toujours à obtenir. Il en est de même pour les affections utérines, et vous pouvez en juger tous les jours par les résultats de ma pratique.

Quelles sont donc, Messieurs, les maladies constitutionnelles, les maladies diathésiques qui ont une si grande importance dans la pathogénie des affections utéro-vaginales?

Nous retrouvons pour l'utérus, le vagin, les mêmes maladies constitutionnelles, les mêmes diathèses que pour la peau, les muqueuses pharyngées, laryngées, etc., etc.; c'est-à-dire parmi les premières, la scrofule, la dartre ou l'herpétis, l'arthritis, la syphilis. A ces maladies constitutionnelles, j'ajouterai la chlorose qui, comme vous le verrez, exerce une grande influence sur le développement des affections utérines. Parmi les deuxièmes, les diathèses tuberculeuse, cancéreuse.

Ces maladies générales ont-elles vraiment l'influence que je leur attribue? Si cela est, comment se développent les affections utérines? Tels sont les deux points que je dois discuter; car de cette discussion jaillira, je l'espère, la lumière qui portera la conviction dans votre esprit.

La doctrine que je professe sur la pathogénie des affections utérines repose sur trois preuves.

La tradition, la clinique, le traitement.

La tradition. — Sans vouloir, Messieurs, faire un historique complet de la question, qu'il me soit permis de vous dire que les anciens médecins, non-seulement connaissaient les affections utérines, mais encore qu'ils ne méconnaissaient pas l'influence que les maladies générales ont sur leur développement. Ainsi *Hippocrate*, tout en mentionnant les troubles fonctionnels et les différents écoulements de la matrice, signale l'influence de la santé sur l'écoulement des règles. Un de ses commentateurs, *Baillou*, fait ressortir l'influence de la santé générale sur la production des maladies de la matrice et nous apprend que les maladies de l'utérus sont difficiles à guérir par elles-mêmes. Cette opinion de Baillou contient en germe le traitement général appliqué à la maladie, cause première des affections utérines. Nous devrons nous la rappeler à propos de notre étude sur les indications thérapeutiques générales de ces affections. *Sylvius de Le Boë*, chimiâtre bien connu (thèse Tillot), nous offre les mêmes enseignements lorsqu'il nous dit :

« Les flueurs blanches n'arrivent pas chez les femmes bien portantes; elles ont leur cause dans l'utérus, et secondairement dans le vice des humeurs; ce flux procède de l'altération de la masse du sang. » Vous le voyez, nous retrouvons dans cet auteur l'influence de la chlorose sur les affections utérines. En poursuivant, il nous enseigne la production toute mécanique de certaines ulcérations du col de la matrice : « Les flueurs blanches, dit-il, retenues dans l'utérus deviennent tellement âcres qu'elles ulcèrent les parties sur lesquelles elles coulent. » Cette explication mécanique de certaines ulcérations du col de l'utérus est parfaitement vraie; aussi a-t-elle été franchement adoptée de nos jours. Nous remarquons sur le col utérin les mêmes lésions qui se produisent à l'aile du nez, à la lèvre supérieure, lorsqu'il existe un coryza aigu ou chronique.

Au siècle dernier *Pierre Frank* parle de la débilité générale et locale comme cause des hémorrhagies utérines. « La métrorrhagie, dit-il, peut dépendre du scorbut et de la chlorose, il ne faut pas croire que les hémorrhagies utérines dépendantes d'une vraie pléthore, d'un excès de ton dans le système circulatoire, soient très-communes. »

Puzos, dans son *Traité d'accouchements,* attribue les ulcères simples de la matrice à une âcreté du sang.

Stoll a décrit la métrorrhagie survenant pendant le cours de l'arthritis ; il ajoute que « dans certains cas, la métrorrhagie lui a servi à reconnaître l'arthritis à l'état latent. » Vous verrez, en effet, que ce symptôme est très-commun dans la métrite arthritique, et que, rapproché d'autres symptômes, il peut servir à la caractériser.

Malheureusement les opinions de ces illustres observateurs sur la pathogénie des affections utérines furent méconnues par la suite. Au commencement de ce siècle elles furent complètement abandonnées.

C'est à cette époque que Récamier remit en honneur le spéculum qui devait permettre aux médecins d'étudier plus exactement les lésions du col utérin. Je dis : *remit en honneur,* car, je vous l'ai déjà dit, le spéculum était connu de Paul d'Egine, qui le décrit sous le nom de *Dioptra.* Quoi qu'il en soit, avec la facilité donnée par l'emploi du spéculum à l'étude des lésions, la véritable pathogénie des affections utérines fut méconnue et il devait en être ainsi pendant de longues années.

A notre époque même, malgré des travaux importants que je vais vous faire connaître, cette étude n'a fait aucun progrès.

En même temps que Récamier vulgarisait l'emploi du spéculum, l'école anatomo-pathologique, fondée, en France, par Dupuytren, Broussais, Laënnec, Louis, Andral, Cruveilhier, etc., jetait un nouveau jour sur la nature des lésions et particulièrement sur celles de l'utérus. Malheureusement cette étude absorba complètement les esprits. Aussi ne faut-il pas s'étonner si nous retrouvons dans les ouvrages parus à cette époque et même de nos jours, la description d'une foule de lésions qui étaient regardées comme la cause de toutes les souffrances de la femme ; si nous retrouvons des méthodes thérapeutiques variées, en rapport avec la lésion, avec la nature que lui attribuait tel ou tel médecin. C'est ainsi que, pour Lisfranc, l'engorgement constitue toute la maladie; que Velpeau fait jouer le plus grand rôle aux déviations de l'utérus et aux granulations qui se montrent sur le col; que Paul Dubois attribue les phénomènes douloureux éprouvés par la femme à la phlegmasie catarrhale. De ces opinions découle la thérapeutique des saignées générales et locales, des cautérisations, etc., etc.

Ce sont ces mêmes idées que vous retrouverez dans les ouvrages de Benett, Valleix, Aran, Becquerel, Nonat.

Ainsi *Benett* n'admet point l'influence de l'état général; il fait tout partir de l'utérus.

Aran nie complètement l'hérédité et l'influence des diathèses, sauf la turberculeuse. D'une manière générale, pour cet auteur distingué : « la faiblesse de la constitution n'agit qu'au point de vue de la résistance et de la durée des maladies de l'utérus. »

Becquerel repousse toute idée de diathèse, et ne reconnaît les diathèses quand elles existent que comme de simples coïncidences. Mais par une attraction singulière de leur esprit observateur, ces deux auteurs qui repoussent l'influence de l'état général, sont forcés de conseiller un traitement général et l'hydrothérapie.

Nonat partage ces idées. Toutefois cet auteur est obligé de reconnaître que l'hérédité et la chlorose ont une certaine influence sur le développement de l'affection utérine. « La chlorose, dit-il, est une compagne assez habituelle de la métrite chronique, mais elle n'en est pas toujours la conséquence. Dans bien des cas, l'appauvrissement du sang se montre antérieurement à la phlegmasie utérine. »

Vous le voyez, Messieurs, les médecins dont je viens de vous citer les noms, n'ont vu que la lésion et non la maladie utérine; aussi pouvons-nous dire avec le Dr Tillot qu'ils ont considéré « l'utérus comme un être isolé au milieu de l'organisme, ayant des lésions toutes spéciales et devenant le point de départ de la plupart des souffrances de la femme. »

Ces idées de l'école anatomo-pathologique de Paris règnent malheureusement encore; elles se réflètent dans un certain nombre d'ouvrages contemporains. C'est à elles qu'il faut attribuer le peu de progrès qu'à fait la thérapeutique des affections utérines. C'est à les combattre qu'il faut nous appliquer, si nous voulons faire progresser la thérapeutique ; si nous voulons que ces affections ne soient pas, la plupart du temps, regardées comme incurables.

Dès 1837, un médecin de l'hôpital Saint-Louis, Gibert, s'éleva contre cette tendance localisatrice de l'école anatomo-pathologique et se prononça en faveur des causes générales, dans la pathogénie, des affections utérines.

Duparcque, à la même époque, et plus tard Baud, soutinrent la même opinion. Ce dernier auteur surtout trouvait qu'on attachait trop d'importance aux lésions de l'utérus ; qu'en dehors de l'état de gestation, c'était un organe trop peu important pour pouvoir réagir si puissamment sur les autres systèmes ; que loin de dominer la scène, et de soumettre les autres organes à son influence, il était bien plutôt apte à se laisser modifier par des lésions des viscères plus ou moins éloignés, et surtout par un état de débilité de l'organisme qui existe si communément chez beaucoup de femmes (Tillot). Cet auteur se trompait évidemment en niant toute réaction sur l'organisme , car, si j'admets que les lésions utérines sont souvent la conséquence des maladies générales, il n'en est pas moins vrai, ainsi que nous le verrons dans l'étude de la symptomatologie générale des affections utérines, que l'utérus est un organe dont les phénomènes sympathiques se font sentir sur tous les systèmes de l'économie à la suite des moindres altérations survenues, soit dans sa structure, soit dans sa nutrition.

Ces opinions firent des prosélytes. Elles trouvèrent surtout des défenseurs parmi les chirurgiens et les médecins de cet hôpital, qui, plus que tout autre, ayant à leur disposition un vaste champ d'étude d'observations, purent éclairer cette question si controversée de la pathogénie des affections utérines et la ramener à sa véritable valeur. Parmi les chirurgiens, je signalerai Robert, Huguier, Gosselin. Ces cliniciens, trouvant qu'on accorde trop d'importance aux signes fournis par le spéculum, n'accordent aux lésions qu'une importance secondaire, et les font dépendre d'un état général. Ils divisent les ulcérations en *scrofuleuses, syphilitiques* et *scorbutiques*. Parmi les médecins, nous trouvons les noms de Chomel, de Bazin, de Noel Gueneau de Mussy. Ces médecins ont tous signalé plusieurs observations où les rapports étiologiques, qui unissent certaines lésions du col de l'utérus à la diathèse dartreuse, arthritique et scrofuleuse, sont des plus évidents. Aussi N. Gueneau de Mussy a-t-il pu formuler son opinion dans la loi de physiologie morbide suivante : « L'appareil utérin est un foyer de retentissements sympathiques étendus, que peuvent éveiller les moindres altérations dans la structure ou dans la nutrition de cet organe. » Loi parfaitement vraie ; il suffit, le plus souvent d'une simple congestion utérine, d'une phlegmasie catarrhale du col, pour voir survenir une affection chronique de l'utérus due à une maladie générale. N'est-ce pas, du reste, l'application aux affections utérines de la loi de pathologie générale émise par un clinicien sagace, d'un grand savoir, le Dr Pidoux : « Une affection ne devient chronique que si elle s'établit chez un sujet prédisposé, ou en vertu d'une diathèse. L'affection aiguë est la maladie de l'espèce, la chronique est celle de l'individu. »

Gaillard, de Poitiers (1854), a publié, dans la *Gazette médicale*, un travail intéressant où il soutient la même opinion. Cet auteur, après avoir ramené, à l'exemple de Cruveilhier, toutes les lésions anatomiques de l'utérus à une fluxion chronique, après avoir montré « qu'au catarrhe succède la granulation, à celle-ci l'ulcère, que l'inflammation, bornée au col, s'étend à sa cavité, à son tissu, à ses vaisseaux, que la lésion peut se calmer, disparaître, occuper diverses régions à la manière des éruptions cutanées, termine en disant: tous ces phénomènes sont en définitive sous la dépendance d'une diathèse et principalement de la diathèse herpétique qui se montre là avec tous ses caractères: extension aux surfaces extérieures et récidives fréquentes. »

Fontan, Durand-Fardel rattachent, de même, les affections les plus rebelles de l'utérus à la diathèse herpétique, et placent par ordre de fréquence, dans l'étiologie de ces affections, le lymphatisme, la scrofule, la dartre, le rhumatisme.

Scanzoni, Tyler Smith admettent que le catarrhe utérin, la leucorrhée sont sous l'influence de la chlorose, de la scrofule, etc., et conseillent de recourir d'abord à un traitement général.

Courty, dans son savant ouvrage sur la pathologie utérine, admet, ainsi que je l'ai déjà dit, que les maladies utérines sont souvent sous la dépendance d'un état général. « Ce n'est pas, dit-il, que l'état général ou l'affection dont elles tirent leur nature, ait été toujours la cause première et déterminante de leur développement ; mais, primitivement ou consécutivement, il imprime son cachet à la maladie. » Sous ce rapport, ajoute-t-il « on peut dire qu'elles naissent de deux manières : ou bien elles succèdent au développement d'une affection générale, ou bien elles proviennent d'une maladie primitivement locale. L'affection diathésique existe, elle a donné déjà des signes de sa présence, elle n'a pas encore envahi l'utérus, mais elle ne tarde pas à s'y fixer parce que par sa position, sa déclivité, sa congestion mensuelle, l'exagération de vitalité que la grossesse y développe, le traumatisme qu'un avortement ou un accouchement y détermine, cet organe s'y trouve disposé plus qu'aucun autre. L'affection diathésique s'y manifeste en quelque sorte spontanément ; tout au plus, a-t-elle attendu qu'une cause occasionnelle lui offrît le prétexte d'y établir sa souveraineté. »

« D'autres fois, l'utérus est disposé à devenir malade. Des troubles de menstruation, des excès de coït, des marches, des fatigues extrêmes, un avortement, un accouchement laborieux, le congestionnent, l'engorgent, l'hypertrophient. La maladie existe. Ce ne serait encore rien, si la femme était saine, forte, tout cela pourrait se dissiper presque sans soins, ou du moins avec quelques simples précautions. Mais s'il existe ou s'il survient une disposition affective ou diathésique dont la malade soit sérieusement atteinte, cette maladie se localise, elle se fixe sur l'utérus, elle imprime son cachet et sa propre nature à la maladie préexistante. » J'ai tenu à vous citer textuellement ce passage du livre de M. Courty, parce qu'il reproduit l'opinion que je ne cesse de vous enseigner dans mes conférences cliniques, qu'il reproduit sous une autre forme la loi de Pidoux sur les maladies chroniques, et qu'il vous donne la véritable pathogénie des affections utérines.

Cette doctrine est aujourd'hui admise par la plupart des médecins qui pratiquent auprès des stations thermales et minérales. Tous les ans ils publient, dans leurs rapports à l'Académie de médecine, des observations concluantes que nous allons retrouver à propos des preuves fournies à la doctrine par la clinique, par la thérapeutique.

Quant aux maladies diathésiques, tubercule, cancer, la tradition ne laisse aucun doute sur l'influence qu'elles exercent sur le développement des affections utérines. Il me suffit de vous citer les travaux de Kiwish, de Namias, de Cruveilhier et surtout ceux de MM. Brouardel et de Cornil. Ces derniers auteurs surtout ont fait une étude très-détaillée, très-approfondie de la tuberculisation des organes génitaux de la femme. J'y reviendrai lorsque je m'occuperai de l'étude des métrites.

De même les travaux sur le cancer de l'utérus sont trop nombreux, trop connus, pour que je m'attarde plus longtemps à vous citer les noms des médecins qui ont étudié plus particulièrement le cancer des organes génitaux et sexuels de la femme.

Vous le voyez, Messieurs, la tradition ancienne et moderne, est en faveur de l'opinion que je défends et que je cherche à faire prévaloir.

Dans la prochaine leçon, je passerai en revue les preuves fournies par la clinique et la thérapeutique.

DEUXIÈME LEÇON.

Messieurs,

Je vous ai montré, dans la leçon précédente, de quelle importance était pour le médecin l'étude des *affections* et non des *maladies* utérines, tant à cause de leur fréquence même et du rôle que joue dans la vie de la femme l'organe qu'elles attaquent, qu'à cause des phénomènes sympathiques, multiples et variés sous lesquels elles se dissimulent, ne se manifestant parfois que par des symptômes éloignés bien difficiles, pour l'observateur inexpérimenté, non prévenu ou inattentif, à rapporter à leur véritable origine.

Entrant ensuite immédiatement en matière, je me suis efforcé d'attirer votre attention sur la *pathogénie* des affections utérines, car c'est elle qui domine toute la question, et c'est seulement de la connaissance exacte des causes que peut découler toute thérapeutique ayant la prétention d'être rationnelle et efficace.

Je les ai divisées en causes occasionnelles ou déterminantes, tant locales que générales et j'ai insisté spécialement sur ces dernières qui sont en réalité de beaucoup les principales : soit constitutionnelles, soit diathésiques.

Les maladies générales *retentissent violemment* sur l'utérus. C'est ce retentissement, déjà signalé comme vous avez pu en juger par certains cliniciens tant anciens que modernes, que nous allons étudier ensemble.

Ce fait est capital, permettez-moi donc d'y insister ; il constitue la base de la doctrine que je veux développer devant vous.

Je tiens, en effet, à bien fixer votre esprit sur l'influence de l'état général sur l'appareil utéro-vaginal ; sans doute celle-ci n'avait pas échappé à tous les observateurs, mais elle avait été surtout dans ces derniers temps, sinon complètement oubliée, du moins négligée et laissée dans l'ombre d'une façon excessive.

La découverte ou plutôt la vulgarisation du spéculum par Récamier, les brillants succès de l'anatomie pathologique nous expliquent le progrès de ces tendances localisatrices à outrance.

De là, des erreurs, des confusions sans nombre dans la pathologie utérine qu'on a ainsi obscurcie comme à plaisir. C'est contre elles que je combattrai, heureux si je puis contribuer pour ma faible part à ramener les esprits dans le droit chemin de la saine clinique et de l'observation attentive, scrupuleuse, éclairée.

Martineau.

En cela, je ne tente d'ailleurs pour l'utérus que ce que d'autres ont fait pour la peau (Bazin), pour le voile, du palais et le pharynx (Noël Gueneau de Mussy, Barensprung), pour le larynx et les bronches (Pidoux), pour le traumatisme même (Verneuil), etc.

Cette manière de voir jette une vive lumière sur les affections utérines ; c'est le point de repère que doit toujours avoir devant les yeux le médecin qui en entreprend l'étude et l'on comprend combien cette méthode peut être féconde en résultats pratiques et positifs si, conformément à ces idées, on élève le cadre thérapeutique et si l'on adjoint au traitement local, stérile isolément, un traitement général approprié, modificateur de l'influence diathésique ou constitutionnelle.

Vous avez pu vous rendre compte déjà de l'exactitude des données de pathologie générale que je vous soumets. Vous avez vu qu'elles avaient déjà frappé bien des esprits éminents : la *tradition*, en effet, ancienne et moderne, est l'une des trois preuves sur lesquelles je me suis appuyé pour vous montrer l'influence des maladies constitutionnelles et diathésiques sur le développement et la marche des affections utérines.

Aujourd'hui, c'est à la *clinique* que je vais demander une nouvelle confirmation de ma proposition.

Adressons-nous tout d'abord à la *scrofule* qui est, de toutes les maladies constitutionnelles, celle qui présente les manifestations les plus fréquentes sur les muqueuses utéro-vaginale et vulvaire ; celle que l'on rencontre le plus souvent comme point de départ des affections utérines chroniques.

Cette diathèse affecte deux modes d'expression, soit qu'elle provoque des inflammations catarrhales proprement dites (vulvite, vaginite, métrite, chroniques, avec ou sans granulation, avec ou sans ulcération) ; soit qu'elle détermine sur les muqueuses, ainsi que l'a indiqué M. Bazin dans son traité sur la scrofule, des éruptions analogues aux scrofulides de la peau (eczéma, herpès de la vulve, du vagin, etc.).

Notons, dès maintenant, que l'on ne rencontre pas sur l'utérus les scrofulides ulcéreuses malignes qui ont été signalées, sous le nom de *lupus*, à la peau, autour des orifices natu-

rels, au pharynx et à la vulve où l'on a décrit l'esthiomène
ano-vulvaire dont vous pouvez observer un bel exemple dans
la salle Saint-Alexis, lit n° 30. C'est la forme hypertrophi-
que et tuberculeuse de l'esthiomène vulvo-anal ; j'en ai fait
placer le moule dans le musée de cet établissement, cette
forme étant beaucoup plus rare que l'ulcéreuse ou disséquante
qui détruit peu à peu toutes les parties molles autour des ouvertures naturelles. Je me réserve d'ailleurs de vous entretenir
plus tard spécialement de cette grave manifestation de la
scrofule sur les parties génitales externes de la femme.

Je dirai en passant que les affections utéro-vaginales, nées
sous l'influence de la scrofule, se caractérisent par leur retentissement dépourvu d'acuité, par leur torpeur, par leur réaction
peu vive ; il y a un catarrhe, une sécrétion abondante de liquide
utéro-vaginal muqueux, leucorrhéique, tenant en suspension
une quantité plus ou moins considérable de leucocytes. On remarque une hypertrophie considérable des tissus ; le col utérin est énorme, car il est le siége de congestions fréquentes
sous l'influence desquelles il s'hypertrophie ainsi que s'hypertrophient le nez, la lèvre supérieure chez les scrofuleux par
suite d'inflammations répétées. Ces hypertrophies peuvent
alors aider à poser un diagnostic rétrospectif. Je signalerai encore la tendance à l'ulcération. Je reviendrai d'ailleurs sur
ces particularités lorsque j'aborderai le diagnostic pathogénique.

Tillot, dans sa remarquable thèse, rapporte plusieurs observations où cette influence de la scrofule, sur le développement
et la durée de l'affection utérine, ne peut être ni méconnue, ni
même mise en doute. Dans les cinq observations qu'il cite, il
s'agit de femmes, atteintes de scrofule, chez lesquelles il a vu,
après des causes variables, mais toujours légères, survenir et
persister longtemps une métrite chronique.

Voici, du reste, un résumé succinct de ces 5 observations :

OBSERVATION I. — Femme de 25 ans, manifestement strumeuse (impétigo de la joue et de la lèvre supérieure). Affection utérine caractérisée par l'hypertrophie et l'ulcération du col.

Obs. III. — Femme de 33 ans, strumeuse, quatre enfants. Depuis le dernier accouchement, symptômes fonctionnels d'une affection utérine. On constate en effet l'hypertrophie du col utérin, l'érosion granuleuse de la lèvre postérieure, la rétroflexion de l'utérus, dont les ligaments suspenseurs sont bien souvent relâchés dans ces cas.

Obs. X. — Femme de 27 ans, portant des traces non équivoques de scrofulose (affections cutanées rebelles, ophthalmies chroniques) ; d'abord dysménorrhée, puis catarrhe utérin avec métrorrhagie.

Obs. XII. — Femme de 24 ans, strumeuse (impétigo étendu de la face) ; après un accouchement normal survient une affection utérine : leucorrhée, antéversion de l'utérus, ulcération et granulations du col.

Obs. XIII. — Femme de 25 ans, strumeuse ; leucorrhée habituelle ; métrite chronique se déclarant après une fausse couche de six mois.

Noël Gueneau de Mussy mentionne dans une observation, la cinquième de son mémoire, un exemple frappant de métrite strumeuse : il s'agit d'une femme de 39 ans, strumeuse, (gourme, blépharite chronique et acné), qui fut atteinte d'une leucorrhée abondante, avec prurit vulvaire intense, érythème de la vulve, hypertrophie et éruption vésiculeuse du col.

C'est aussi la métrite chronique rebelle qui frappe *Desnos* étudiant les affections utérines chez les scrofuleuses, il signale de même l'abondance de la leucorrhée et la durée interminable du catarrhe.

Enfin, sur 71 métrites que depuis quatre mois j'ai eu à soigner dans mon service de Lourcine, j'en trouve 11 chroniques développées chez des femmes présentant des antécédents ou des accidents strumeux....

Vous le voyez, Messieurs, ces observations sont concluantes. La *clinique* ne nous permet pas de mettre en doute l'existence et la chronicité d'affections utérines d'origine scrofuleuse.

Nous allons maintenant examiner, si vous le voulez bien, la part de *l'arthritis* dans la question qui nous occupe. Sous la dénomination d'arthritis je comprends le rhumatisme et la goutte. Je ne veux pas m'engager dans les controverses auxquelles cette entité morbide, réhabilitée par Bazin, a donné lieu et qui existent encore aujourd'hui. Pour moi, cette désignation exprime bien une réalité, je l'accepte pleinement et j'en ai sous les yeux de trop nombreux exemples pour ne pas lui conserver toute son acception et toute sa valeur. Cette opinion est soutenue aussi par Pidoux pour qui l'arthritis est incontestable.

Sous cette influence, on voit survenir des congestions utérines actives, des métrites accompagnées de granulations et d'ulcérations, des poussées congestives aiguës fréquentes, des éruptions concomitantes du vagin et du col, en un mot des endométrites irritables, à réaction excessivement vive, avec tendance aux métrorrhagies et accompagnées de phénomènes sympathiques variés. C'est ainsi que dans deux cas pris, dans ma clientèle, j'ai pu observer la concomitance de la lithiase rénale et de la lithiase biliaire avec la métrite qui est alors ici du moins d'origine vraiment arthritique.

Ces affections utérines surviennent ou s'exaspèrent en même temps qu'une poussée rhumatismale ou bien elles disparaissent au moment où cette dernière apparaît, affectant alors cette sorte de balancement et subissant cette alternance que vous avez certainement déjà remarquées entre les diverses manifestations d'une même maladie constitutionnelle. Je vous montrerai des cas, assez fréquents, où des femmes atteintes de métrite et allant aux eaux sont prises sous l'influence du traitement minéral et thermal d'une exagération de leur métrite, qui est de nature arthritique. Cet état coïncide souvent avec l'apparition ou l'exagération des douleurs rhumatismales. De plus, il y a des éruptions sur la muqueuse vulvo-vaginale et probablement à la surface de la muqueuse utérine de façon à donner lieu à des vulvites, à des vaginites, à des endométrites ; et pendant que ces éruptions se montrent sur l'utérus qui présente alors des troubles fonctionnels divers, des poussées analogues se rencontrent soit sur la peau où l'on constate de l'érythème noueux ou papuleux, de l'eczéma, etc., etc., soit sur le pharynx et les bronches, où surviennent les angines et les bronchites si bien décrites par MM. Cazalis et Pidoux. Ces poussées, développées sous l'influence de l'état constitutionnel arthritique, peuvent aller de la congestion simple jusqu'à l'inflammation et même à l'ulcération. De même du côté de l'utérus, sous l'influence de l'arthritis, on voit survenir des congestions avec tendance à la ménorrhagie, des endo-métrites douloureuses avec leucorrhée, granulations et ulcérations, des éruptions du vagin et du col, etc. Tels sont les caractères qui nous permettent d'affirmer l'existence de la métrite, de l'endo-métrite arthritique.

Au point de vue qui nous occupe, *Courty* rapporte une observation très-intéressante : « Il s'agit d'une dame, âgée de 45 ans, fille d'un père goutteux et d'une mère ayant eu des goutteux dans sa famille, ayant elle-même un frère asthmatique. Cette malade a éprouvé, à plusieurs reprises, des douleurs et du gonflement dans les jointures, surtout dans les petites articulations dont plusieurs sont restées déformées. Elle rend souvent des urines chargées de sable d'une couleur briquetée. Elle est hémorrhoïdaire et a eu à diverses reprises des fluxions pulmonaires avec congestions persistantes, hémoptysies et tout un cortége de phénomènes qui, par leur gravité et par leur durée, ont inspiré de vives craintes pour sa vie. Depuis quelque temps, les *poumons se sont dégagés*, mais *l'utérus est atteint d'une congestion permanente, survenue sans cause occasionnelle*, s'exaspérant douze jours après la cessation des menstrues, au point de causer de vives douleurs, l'impossibilité de marcher et des troubles généraux graves, diminuant après quelques jours et laissant seulement alors un peu de calme à la malade, avant le retour des époques menstruelles. Celles-ci s'annoncent douloureusement, ce qui n'arrivait jamais auparavant; après deux ou trois jours, la douleur cesse, mais l'hémorrhagie est plus abondante qu'elle ne l'était avant la maladie utérine. J'ai vu, ajoute M. Courty, cette malade n'ayant pendant cinq ou six mois presque plus de douleur ni de congestion à l'utérus pour recommencer, après ce temps, à souffrir comme auparavant. »

Nous trouvons ici tous les attributs auxquels on reconnaît la métrite arthritique : l'alternance des manifestations, et une métrite douloureuse compliquée de ménorrhagie et disparaissant quand les bronches et les poumons s'engorgent.

Noël Gueneau de Mussy parle à son tour d'une dame ayant eu, à différentes reprises, des arthrites subaiguës, compliquées de rhumatisme musculaire et qui présente de temps à autre un prurit vulvaire avec eczéma de la vulve, du vagin et du col utérin.

De Ranse, dans une étude très-bien faite sur l'action des eaux de Néris dans le traitement des maladies des femmes, publiée dans la *Gazette médicale* des mois de mars, avril et mai 1877, signale plusieurs cas de métrite arthritique.

1° Dame âgée de 32 ans, atteinte d'affection rhumatismale subaiguë et de pharyngite granuleuse, ayant eu de l'eczéma aux oreilles et traitée il y a quelques années pour une métrite granuleuse. Aujourd'hui métrite avec ménorrhagie ; amélioration par le traitement thermal.

2° Malade de 26 ans, sujette à des poussées aiguës de rhumatisme articulaire. Métrite ayant subi d'abord une recrudescence sous l'influence du traitement par les eaux minérales et éprouvant aujourd'hui une grande amélioration.

Telle est, en effet, surtout la marche de la métrite arthritique qui s'irrite d'abord pour se guérir ensuite, comme je vous le montrerai plus tard.

3° Malade de 34 ans. Rhumatisme articulaire aigu. Métrite avec fongosités. Amélioration analogue à celle du cas précédent.

L'auteur fait remarquer qu'un certain nombre de malades, venues à Néris pour un traitement antirhumatismal, ont vu une grande amélioration s'opérer dans l'affection utérine dont elles ne voulaient pas parler. D'autre part, il a vu celles qui venaient pour des affections utérines, présenter sous l'influence du traitement une exacerbation dans les douleurs en même temps qu'un réveil dans l'affection utérine, puis un calme survenir et une grande amélioration s'opérer.

A côté de ces faits, j'ajouterai que plusieurs médecins admettent le rhumatisme utérin ; il existe, en effet, dans la science, un certain nombre d'observations assez concluantes.

Bottentuit, dans une note qu'il m'a remise sur le traitement des affections utérines par les eaux de Plombières, signale l'observation suivante :

Mme X..., âgée de 38 ans, est atteinte d'une métrite depuis trois ou quatre ans, se traduisant par une pesanteur dans le bas-ventre, des troubles fonctionnels, etc., etc. Elle vient à Plombières pour cette métrite. Au bout de dix jours de traitement, à la suite d'une immersion dans un bain à 42°, précédé d'un bain à 36°, elle déclare ne plus ressentir sa pesanteur pelvienne ; mais quatre heures après, surviennent des douleurs articulaires aiguës qui persistent pendant trois semaines. Depuis cette dame n'a ressenti aucune douleur du côté de l'utérus, mais elle a eu, à plusieurs reprises, des attaques de goutte.

Cet auteur ajoute qu'il a observé, à Plombières, plusieurs cas semblables au précédent.

Desnos cependant croit que la diathèse rhumatismale et goutteuse ne porte pas directement sur l'utérus et ses annexes, en ce sens qu'elle ne provoque pas d'emblée d'inflammation qui lui soit propre ; il dit même, dans son excellent travail sur le traitement des maladies utérines par les eaux minérales, que l'utérus est à peu près le seul organe qui fasse defaut sur la liste de ceux qu'attaque le rhumatisme viscéral. Et pourtant, il est bien obligé de reconnaître que chez les femmes atteintes de rhumatisme chronique et constitutionnel, ou chez celles qui sont en puissance de goutte, les causes banales de la métrite agissent avec plus d'énergie et que cette métrite, une fois constituée, tend à persister tant qu'on n'a pas combattu efficacement la maladie constitutionnelle qui la complique.

« Cette métrite, dit-il, emprunte à cette association de la diathèse un caractère d'irritabilité qu'on ne trouve pas dans d'autres formes inflammatoires de l'utérus ; elle présente dans sa marche, dans ses alternatives d'exacerbation et d'amendement, une susceptibilité toujours éveillée par ces mêmes influences climatériques et atmosphériques qui agissent sur le rhumatisme. »

Vous avez pu voir vous-mêmes, messieurs, dans mon service, une malade couchée dans la salle Saint-Louis, au lit n° 22,

et qui était atteinte d'une métrite présentant tous les phénomènes d'acuité, de douleur, de disposition hémorrhagique
sur lesquels j'ai appelé votre attention. Or, elle avait des
antécédents arthritiques prononcés ; elle fut prise sous
vos yeux d'un eczéma intertrigo de la face interne des cuisses
et des plis génito-cruraux. Cet eczéma avait, en même temps,
envahi la vulve, le vagin, le col utérin, et à en juger par la rou-
geur violacée qu'on apercevait sur les deux lèvres de l'orifice
utérin entrouvert, il est certain que l'inflammation spécifique
s'était étendue jusque sur la muqueuse utérine elle-même.
Vous avez pu juger par vous-mêmes du développement du volume et de la sensibilité de cet utérus malade et voir ensuite,
sous l'influence d'un traitement approprié, ces divers accidents
sensiblement s'amender. La malade, en effet, qui est encore
dans nos salles, est en pleine voie de guérison.

Ma clientèle de la ville me fournit deux cas analogues,
sur lesquels je reviendrai plus tard. Notons seulement ici
que ces malades atteintes de métrite chronique arthritique
présentent en même temps de la lithiase biliaire et rénale,
caractéristique de l'arthritis et de la nature de la métrite. Celle-
ci est irritable, réagit violemment sous la moindre cause et se
complique, presque à toutes les époques menstruelles qui sont
fort abondantes, d'attaques de coliques hépathiques chez l'une,
néphrétiques chez l'autre.

L'*herpétis* ou la *dartre* n'est pas admis par M. Pidoux comme
maladie constitutionnelle ; il n'est pour lui qu'une dégéné-
rescence, qu'une fusion des autres maladies constitutionnelles,
l'arthritis et la scrofule. Sans entrer ici dans cette discussion, admettons avec Bazin cette entité pathologique et voyons
de quelle manière elle se comporte, chez la femme, du côté
des organes génitaux.

Les affections herpétiques des membranes muqueuses, dit
le savant professeur de l'hôpital Saint-Louis, sont aussi rebelles,
aussi tenaces que les affections cutanées ; il cite les catarrhes
utéro-vaginaux avec ou sans éruption dartreuse sur la vulve,
sur les parois du vagin, sur le col de l'utérus. Tous les prati-

ciens, ajoute-il, savent combien il est difficile d'obtenir la guérison définitive de ces affections.

Telle est, en effet, l'expression de la vérité. Nous constatons, pour l'herpétisme, les mêmes lésions que j'ai signalées pour les maladies constitutionnelles précédentes, c'est-à-dire des fluxions, des inflammations simples ou compliquées d'éruptions sur le vagin et surtout sur le col. Ces éruptions sont vésiculeuses, composées soit de vésicules isolées, soit plutôt de plaques formées elles-mêmes par la confluence des vésicules herpétiques ou eczémateuses, et elles coïncident avec des éruptions analogues sur d'autres parties du corps, soit sur la peau, soit sur les autres muqueuses.

Il est, de plus, fort exact de dire qu'il est excessivement difficile de guérir la dartre utérine.

Chomel professe la même opinion, et aujourd'hui nous voyons ces mêmes idées défendues par MM. Courty et Noël Gueneau de Mussy.

Les observations, d'ailleurs, en sont nombreuses et concluantes, ainsi que vous pouvez vous en assurer.

Rappelez-vous, messieurs, cette malade traitée sans succès en ville pour une vaginite pendant plus d'une année, et chez laquelle j'ai diagnostiqué une métro-vaginite dartreuse, c'est-à-dire une inflammation due à une éruption herpétique sur la muqueuse du vagin et du col. Comme pour confirmer mon diagnostic, cette jeune femme fut atteinte sous nos yeux, quelques jours après son entrée dans la salle Saint-Louis, lit n° 10, d'un herpès de la vulve et d'une *angine herpétique* d'une intensité et d'une netteté remarquables. Je prescrivis, comme traitement général, une cuillerée à bouche, à chaque repas, de la solution suivante :

Eau, 300 gr. ; arséniate de soude, 20 centigr.,

et, comme traitement local, les émollients d'abord, sous forme de cataplasmes Lelièvre, introduits quotidiennement, par la malade elle-même, au moyen de l'ingénieux instrument porte-topique, de M. Delisle; les bains sulfureux ensuite, avec la canule vaginale en verre, percée de nombreux trous, que j'ai mis en usage dans mon service et qui permet au liquide

médicamenteux de baigner les muqueuses malades. La guérison, vous l'avez vue, fut obtenue en peu de temps.

Vous trouverez encore des exemples frappants d'affections
analogues chez deux autres malades de la salle Saint-Alexis,
couchées l'une au lit n° 16, l'autre au lit n° 42. Chez la première, notamment, vous avez parfaitement pu voir évoluer
l'herpétis. Le succès obtenu jusqu'à présent par le traitement, pour être moins brillant et moins rapide que dans le cas
précédent, n'en est pas moins incontestable ; l'amélioration est
manifeste.

On trouve d'ailleurs, dans la science, nombre d'observations
se rapportant aux faits dont je vous entretiens.

Duparcque (*Traité des maladies des femmes*) cite deux observations d'herpétisme du col. Chez l'une de ses malades, le col
utérin était parsemé de points rouges assez semblables à des
piqûres de puces, discrètes à la circonférence du col, con-
fluentes en s'approchant de l'orifice, d'où s'échappait un liquide
séro-muqueux incolore assez abondant (eczéma du col). Du
reste, la malade avait eu pendant longtemps une affection vésiculeuse de même nature à la partie interne des cuisses, avec
prurit. La guérison fut obtenue au moyen de bains sulfureux.

Noël Gueneau de Mussy (mémoire sur l'herpétisme utérin)
mentionne notamment six observations où la nature dartreuse
de l'affection ne peut être mise en doute un seul instant : il
s'agit de femmes ayant eu des affections dartreuses de la peau,
qui, en un moment donné, en présentèrent d'analogues sur la
vulve, sur le vagin et sur le col, et chez lesquelles s'établit une
métrite.

Voici, du reste, ces observations résumées très-brièvement :

Observation I. — Femme de 25 ans. Eczéma de la région fessière,
des cuisses, des mains et de la face. Éruption vésiculeuse fine (eczéma), des culs-de-sac utéro-vaginaux, du col utérin ; leucorrhée.

Obs. II. — Femme de 36 ans, syphilitique, manifestations dartreuses : blépharite dartreuse, plaques de pityriasis sur le cou ; herpès sur la partie postérieure du cou ; eczéma intertrigo dans les plis
génito-cruraux avec démangeaisons insupportables. Catarrhe utérin,

engorgement utérin, eczéma du col, puis érosion et ulcération du col.

Obs. III. — Femme dartreuse (affections cutanées à diverses reprises ; eczéma de la vulve, prurit intense). Métrite avec tendance ménorrhagique, érosion fongueuse du col consécutive à l'eczéma.

Obs. IV. — Femme née d'un père dartreux, ayant elle-même plusieurs affections cutanées prurigineuses et de l'intertrigo ; métrite chronique, eczéma du col et de la vulve.

Obs. VI. —Femme de 49 ans, dartreuse (éruption sur les membres supérieurs) ; métrite chronique, érosion granuleuse du col.

Obs. VII. — Femme de 28 ans, dartreuse (herpès de la région fessière, de la vulve et du col utérin); métrite du col s'établissant comme les précédentes, sans autre cause appréciable.

Bordier, dans le numéro de la *Gazette hebdomadaire* du 26 janvier 1877, a publié un cas très-intéressant de métrite qu'il considère comme étant de nature dartreuse et qui me paraît plutôt, d'après les antécédents héréditaires de la malade, d'après les phénomènes morbides dont elle a été atteinte (eczéma des deux oreilles, lichen de la nuque, névralgies, probablement eczéma de la vulve), devoir être considérée comme étant d'origine arthritique. Quoi qu'il en soit, voici le résumé de cette observation :

Femme de 24 ans, père arthritique; du côté maternel, phthisie diabétique (bisaïeule). —Vous savez en effet, messieurs, que le diabète, de même que le cancer, marche très-bien avec l'arthritis. — Grand'mère (cancer utérin); tante (prurit vulvaire; eczéma des deux oreilles). Cette jeune femme est sujette aux névralgies, à l'angine granuleuse; elle s'enrhume facilement l'hiver; elle a du lichen de la nuque et une dermatose indéterminée de la vulve, des tubercules pulmonaires et de la dysménorrhée pseudo-membraneuse. Comme il arrive souvent cette dysménorrhée guérit à la suite de deux grossesses heureuses; de plus, il y eut arrêt de la tuberculisation pulmonaire.

Fort de cette observation, Bordier attire l'attention sur les troubles diathésiques de la muqueuse du corps même de l'utérus. Pour lui, cette dysménorrhée pseudo-membraneuse est un cas de dartre intra-utérine ; aussi la désigne-t-il sous le nom de *dysménorrhée pseudo-membraneuse exfoliatrice de nature dartreuse.*

Il y aurait eu, dans ce cas, à la surface de la muqueuse intra-utérine, une éruption herpétique, comme il est fréquent d'en voir sur les muqueuses du voile du palais et du pharynx; si la dartre intra-utérine est plus contestée c'est uniquement parce qu'elle est moins facile à constater.

Outre les observations de ces cas types dont j'ai parlé plus haut, nous voyons, d'après ma statistique, que, sur 71 cas de métrites observées en quatre mois à Lourcine, 10 doivent être rapportées à l'herpétis, soit qu'il les ait engendrées directement, soit seulement qu'il leur ait fait revêtir une forme chronique, interminable.

La *syphilis* joue le même rôle que les précédentes maladies constitutionnelles dans la pathogénie des affections utérines. Sans parler ici des accidents syphilitiques qui se développent fréquemment sur le col utérin (chancres, plaques muqueuses), je vous signalerai seulement les métrites qui sont le fait du retentissement de la vérole sur l'utérus; mais je dois vous signaler une autre action de la syphilis, mise en lumière par M. Noël Gueneau de Mussy. En effet, selon ce médecin distingué, la syphilis agirait parfois indirectement, jouant le rôle de cause occasionnelle et faisant éclore, chez une femme herpétique, par exemple, des manifestations herpétiques. Cet auteur, qui a été pendant plusieurs années médecin de cet hôpital, a vu souvent des manifestations herpétiques succéder à la syphilis, vérité qu'il exprime ainsi : « La vérole est un fumier qui favorise l'éclosion de tous les germes diathésiques! » Sur 71 métrites, j'en ai observé 23 qui étaient dues à la syphilis.

Chlorose. — Sur le même plan que ces maladies constitutionnelles, je placerai la chlorose, qui exerce en réalité une grande influence sur la pathogénie des affections utérines. La chlorose, vous le savez, est constituée par une déglobulisation spontanée du sang, liée le plus ordinairement à des changements organiques importants dans la vie de la femme, tels que la puberté surtout, et la ménopause. Je n'ai pas à

rechercher ici comment s'opère cette déglobulisation ; il me
suffit de savoir que très-souvent la chlorose est une cause prédisposante générale de l'affection utérine, et que, lorsque celle-
ci est développée, la chlorose augmente à son tour et s'accentue.
Dans certains cas, il est vrai, il sera bien difficile de suivre la
véritable filière pathogénique; car parfois la chlorose et les affections utérines auront une apparition à peu près simultanée ; et
l'incertitude sera d'autant plus grande, que l'affection utérine
pourra être la conséquence d'une maladie constitutionnelle, et
que la chlorose, survenant à son tour sous l'influence de la
même cause, sera alors un phénomène concomitant et aggra-
vant. C'est en pathologie surtout qu'on voit le cercle vicieux
s'établir, et c'est précisément dans ces cas qu'il est le plus difficile à briser! L'observation, cependant, nous enseigne que,
si la chlorose est quelquefois concomitante, d'autres fois
conséquence, elle est très-souvent aussi cause d'affection utérine.
Et, en effet, parmi mes observations, je trouve 11 cas sur
71 dans lesquels la chlorose a joué un rôle prépondérant.

Tillot rapporte, à ce sujet, deux observations intéressantes :
dans la première, il s'agit d'une femme de 24 ans, chlorotique, dysménorrhéique, qui eut deux grossesses ; après la dernière, il survint de la leucorrhée, des douleurs lombaires et
hypogastriques, une métrite chronique. Le col utérin était
volumineux et présentait, sur la lèvre antérieure, une érosion
avec des granulations. Dans la seconde, il s'agit de même
d'une jeune femme, âgée de 21 ans, chlorotique, qui, sans grossesse antérieure ni avortement, fut atteinte d'une métrite
chronique avec antéflexion, hypertrophie du col et catarrhe
utérin. Chez les vierges, on trouve des cas indiscutables de
métrite chlorotique, comme vous avez pu en juger par vous-
mêmes chez deux de mes malades; une d'elles est encore couchée au lit 46 de notre salle Saint-Alexis.

Pour cet auteur, l'état chlorotique paraît, du reste, prédispo-
ser aux phlegmasies péri-utérines plutôt qu'aux affections
utérines proprement dites; ce sont du moins ces phlegmasies
que ce savant médecin a observées en pareil cas.

J'ai terminé l'examen du contingent fourni à la pathogénie

des affections utéro-vaginales par les maladies constitutionnelles. Voyons quelle influence doit être attribuée aux maladies
diathésiques. Cette étude sera courte, car les phénomènes, ici,
sont d'une netteté qui ne permet pas la discussion.

Il est d'expérience, dit Desnos, qu'il existe chez les tubercu-
leuses affectées de métrite une sorte d'alternance entre les manifestations des lésions pulmonaires et les symptômes de la
phlegmasie utérine ; de telle sorte que, lorsque la métrite s'a-
mende, la phthisie pulmonaire s'aggrave, et réciproquement ;
de là, l'indication formelle de ne pas chercher à supprimer la
métrite tuberculeuse, qui joue alors, vis-à-vis de la diathèse,
le rôle de soupape, permettez-moi cette expression, et d'en atté-
nuer tout au plus les accidents inflammatoires si elle devient
par trop vive, afin seulement d'empêcher que les symptômes
de la métrite ne prédominent au point d'épuiser la malade.

Le précepte, en effet, est bon à retenir : il ne faut pas supprimer les accidents utérins, de peur que la tuberculose pulmonaire n'en reçoive une stimulation redoutable.

La métrite, chez une tuberculeuse, peut se développer spontanément (Tillot, obs. XVI); mais, le plus souvent, elle semble
attendre une impulsion accidentelle, favorable à son développ-
pement, tel qu'un accouchement, tel qu'un avortement; ces
résultats doivent être tenus en ligne de compte lorsqu'on étu-
die et calcule l'influence de la grossesse sur le développement
de la tuberculose; d'autant plus que, comme le fait remarquer
le professeur Gosselin, la métrite est souvent hémorrhagique,
et qu'elle peut devenir à son tour aussi, soit un point de départ
de la phthisie chez les sujets prédisposés, soit une aggravation
chez les personnes qui en ont déjà subi les premières atteintes.

Chacun de vous connaît certainement la thèse de mon excellent collègue M. Brouardel et les nombreuses observations
toutes concluantes qu'elle contient. Je ne saurais, d'ailleurs,
mieux faire que de vous renvoyer à ce travail, me réservant
de l'utiliser, surtout lorsque j'étudierai les attributs sym-
ptomatiques de cette métrite spécifique.

Vous trouverez de même, dans le *Traité d'anatomie patho-*

logique de Cornil et Ranvier, des indications précieuses sur l'existence, les allures et les effets des affections génitales d'origine tuberculeuse.

Je reviendrai d'ailleurs sur ces faits à propos de la symptomatologie de ces affections utérines.

Quant à la diathèse *cancéreuse*, il me suffit d'en citer le nom pour vous convaincre que cette influence diathésique sur l'utérus ne peut être révoquée en doute.

Vous le voyez, messieurs, les preuves cliniques sont nombreuses, et elles l'eussent été davantage si j'avais voulu rappeler devant vous les faits observés par les médecins des eaux minérales, et qui sont consignés par eux dans les rapports annuels qu'ils adressent au ministère de l'agriculture et du commerce. Ces praticiens observent journellement des femmes qui, ayant subi un traitement local pendant des années, des cautérisations par une foule de procédés, guérissent promptement, relativement du moins, par un traitement minéral, dirigé avec quelque discernement contre l'état général constitutionnel ou diathésique. Journellement, ils constatent les concomitances que je vous ai signalées entre les affections utérines et les affections correspondantes des muqueuses ou de la peau; les déplacements, les alternances de ces affections, qui ont été décrits sous le nom de *métastases*. Ils sont à même surtout de vérifier les heureux résultats de la thérapeutique minérale et thermale, attaquant directement l'état général prédominant.

C'est, en effet, messieurs, la *thérapeutique* qui me fournira la troisième preuve sur laquelle repose l'opinion que je cherche à faire prévaloir devant vous; c'est à elle que je demanderai les derniers arguments, ceux qui, je l'espère, emporteront votre conviction et qui vous prouveront l'importance et la vérité de la *doctrine* que je soutiens. Je n'entrerai pas aujourd'hui dans de longs développements, puisque cette question sera plus tard, dans le cours de ces leçons, l'objet d'études spéciales, lorsque j'aborderai la thérapeutique générale des affections utérines, surtout celle par les eaux minérales et thermales, par l'hydrothérapie et la thérapie marine. C'est cette thérapeutique qui vous montrera par les résultats heureux obtenus constamment dans le raite- ment des affections utérines que ma doctrine de la pathogénie de ces affections repose sur des bases solides et inébranlables. Du reste, vous pouvez, dès aujourd'hui, juger par vous-mêmes, d'après les résultats obtenus devant vous dans mes salles, de l'efficacité du traitement des affections utérines, lorsqu'on a su s'adresser directement à l'état général sous l'influence duquel elles sont développées.

La thérapeutique générale des affections utérines, vous le voyez tous les jours, consiste dans l'emploi d'une médication interne variable selon le cas : c'est ainsi que, dans la scrofule, j'administre l'huile de foie de morue, la solution au tartrate ferrico-potassique, la teinture d'iode ; cette dernière doit être prise, selon le précepte de Trousseau, non pas avant, mais bien pendant le cours du repas; elle est ainsi bien mieux tolérée pendant plus longtemps et à plus forte dose. Mon illustre maître, Trousseau, a pu, par cette méthode, ordonner et faire tolérer, contre des névralgies rebelles, jusqu'à 120 gouttes d'essence de térébenthine. Dans l'arthritis, je conseille les amers et les alcalins; dans la dartre, les arsenicaux; dans la syphilis, l'iodure de potassium à petite dose, de 25 à 50 centigr. par jour, 1 gr. au plus; dans la chlorose, enfin, le quinquina et le fer. J'emploie en même temps, le traitement balnéaire : les bains sont, selon les cas, sulfureux, alcalins, arsenicaux, mercuriaux ou émollients; mais toujours ils sont pris avec une canule vaginale, de façon à permettre, ainsi que les expériences l'ont démontré, aux parois du vagin et au co utérin d'être en contact avec le liquide médicamenteux.

Mais il ne faut être exclusif en rien ; je ne me contente pas du traitement général; je lui adjoins un traitement local plus ou moins énergique, allant du cautère actuel, souvent employé dans mes salles aux applications de teinture d'iode, aux solutions faibles de nitrate d'argent ou d'un caustique quelconque, l'acide nitrique par exemple. Cette modification locale agit alors d'autant mieux que le terrain a été mieux préparé et préalablement modifié par une médication générale s'adressant à la maladie constitutionnelle. Ce fait nous confirme dans l'idée que les accidents utérins sont bien dus à des affections, et non à des maladies, et que ces affections sont presque toujours sous l'influence d'une maladie constitutionnelle. C'est cette vérité que M. Courty exprime en ces termes : « L'épreuve par le traitement est la véritable pierre de touche de la nature des maladies utérines. »

La tradition, la clinique, la thérapeutique, sont donc bien d'accord pour nous montrer la véritable pathogénie des affections utérines. J'espère vous en avoir fourni assez de preuves pour ne laisser, à ce sujet, aucune indécision dans votre esprit, et pour vous avoir, par suite, démontré toute l'insuffisance et la stérilité de l'action médicale des praticiens localisateurs, des praticiens qui, méconnaissant la véritable nature des affections utérines, ne voient que la lésion et dirigent contre elle tous leurs efforts. Pour vous, interprétant la pathogénie des affections utérines comme elle doit l'être, tout en ne négligeant pas les moyens thérapeutiques qui doivent modifier l'état local, votre rôle médical sera plus élevé, car vous chercherez en même temps à traiter et à guérir la maladie constitutionnelle, cause de cette affection.

TROISIÈME LEÇON

Messieurs, je vais continuer cette étude de la pathogénie des affections utérines par l'examen des causes locales. Je ne leur reconnais, et à juste droit comme j'espère vous le prouver, qu'une influence prédisposante, contrairement à ce que nous avons vu pour les causes générales. Celles-ci, en effet, agissent directement sur le vagin, l'utérus ou sur les annexes, et l'affection utérine qui, sous leur influence, peut se développer *en dehors de toute excitation*, est *protopathique*. Qu'au contraire certaines causes locales appellent, par leur action, une manifestation de la maladie générale, l'affection utérine qui en résultera sera *deutéropathique*.

Ces causes locales ont été considérées par quelques auteurs, par M. Courty entre autres, comme déterminantes, comme pouvant donner lieu par elles-mêmes à des affections utérines. C'est, à mon avis, leur faire jouer un rôle trop important ; je crois, en effet, qu'elles n'agissent point aussi efficacement, mais qu'elles marquent seulement le début, l'éclosion de la manifestation de l'état constitutionnel ou général sur l'appareil utérin. Elles nous expliquent la facilité avec laquelle cet appareil est influencé par les maladies soit constitutionnelles, soit diathésiques ; c'est à elles qu'il faut attribuer les complications qui surgissent dans le cours des affections utérines ; ce sont elles qui en troublent la marche, donnent si souvent lieu aux rechutes, aux symptômes insolites, aux phénomènes réflexes ou sympathiques, augmentent les difficultés du traitement, retardent la guérison et assombrissent par conséquent beaucoup le pronostic.

Les dispositions anatomiques, les fonctions physiologiques dans lesquelles elles résident nous donnent l'explication de la forme de la lésion, de la prédilection du siége, de la fréquence même de certaines affections ; mais l'observation nous a montré qu'elles sont insuffisantes à les créer de toutes pièces, en dehors de tout état constitutionnel. Ce dernier, au contraire, doit toujours être recherché avec beaucoup de soin ; car souvent il n'existe qu'à l'état latent, n'attendant pour se manifester qu'une occasion, qu'il rencontre dans une circonstance parfois fort insignifiante en apparence.

Or donc, quelles sont ces causes prédisposantes locales ?

Elles résultent en partie, ai-je dit, de certaines *conditions anatomiques*, telles que la situation de l'utérus, ses rapports, les différentes phases de son développement, sa structure, etc.

C'est ainsi que la *situation inférieure*, déclive de l'utérus rend compte de la fréquence de ses congestions, de son inflammation même et de la difficulté que l'on rencontre à les résoudre.

La multiplicité, la nature de ses moyens de suspension et l'altération qu'ils éprouvent par l'accomplissement même des foncsions de la génération, expliquent par leur laxité, leur distention excessives, par les adhérences consécutives aux inflammations, les divers et fréquents déplacements de la matrice. Ses rapports avec la vessie d'un côté, avec le rectum de l'autre, sa situation dans l'excavation pelvienne au milieu d'un tissu cellulaire abondant, entre deux replis d'une séreuse dont la susceptibilité est malheureusement trop connue, rendent compte de l'influence des inflammations de voisinage et de la propagation morbide qui peut se faire de ces organes à l'utérus ou réciproquement.

Les *diverses phases du développement* de l'organe de la gestation disposent l'utérus à devenir malade sur un point de préférence à un autre. Ainsi, le développement précoce du col rend compte de l'invasion de la cavité cervicale par l'inflammation catarrhale, même avant la puberté, tandis que la prépondérance ultérieure du corps explique la fréquence des affections du corps chez la femme adulte. D'autre part, un arrêt de développement peut suffire pour causer une flexion excessive surtout en avant; ce qui n'est guère alors qu'une persistance ou qu'une exagération de l'état normal.

Quant à la *structure* de l'utérus, elle nous fournit l'explication de certains états morbides, tels que l'hypertrophie générale ou partielle, les fibrômes, les polypes, etc., dus à la prédominance du tissu fibro-musculaire. De même la richesse vasculaire et l'activité circulatoire prédisposent à l'inflammation aiguë ou chronique, totale ou partielle, primitive ou consécutive. Je vous rappellerai le rôle important joué par les lymphatiques utérins dans les accidents puerpéraux sur lesquels, malgré leur gravité et l'intérêt que présente leur étude, vous me permettrez de ne pas insister ici, puisqu'ils sortent du cadre que je me suis tracé. C'est encore pendant la puerpéralité que l'on observe le phlegmon utérin et la suppuration interstitielle dont la rareté, en tout autre temps, est expliquée par l'absence ou par la faible quantité de tissu cellulaire dans la structure de l'utérus. La présence d'une membrane muqueuse, riche en vaisseaux, riche en glandes, dispose essentiellement l'utérus aux inflammations et aux affections catarrhales. La muqueuse du col et notamment celle de l'orifice vaginal peut, selon la remarque de Tyler-Smith, de MM. Bernutz, Lasègue, etc., etc., comme les autres ouvertures naturelles qui donnent accès aux cavités viscérales, être le siége de prédilection de la blennorrhagie, d'éruptions de natures diverses, de syphilides, d'herpétides, d'ulcérations, de granulations, etc.

Je signalerai seulement le feuillet séreux péritonéal, si prompt à s'enflammer, et la pelvi-péritonite dont les caractères sont maintenant bien connus et dont les conséquences sont parfois si fâcheuses soit temporairement, soit définitivement au point de vue de l'accomplissement normal des fonctions de l'utérus. La solidarité, en effet, des fonctions du système utéro-ovarien explique très-bien cette influence réciproque des affections de l'ovaire, de la trompe et de l'utérus. Ces considérations n'ont pas que des conséquences spéculatives, ce sont les enseignements pratiques qu'une observation attentive et une expérience déjà longue m'en ont fait tirer, que je résume par le conseil suivant : s'abstenir de *toute* pratique chirurgicale sur l'utérus lorsqu'il existe une pelvi-péritonite, même chronique. Les accidents graves, parfois mortels, signalés à la suite du cathétérisme utérin, de la cautérisation, et même du toucher vaginal et de l'application du spéculum, sont les résultats de pelvi-péritonites qui n'ont pas eu d'autre cause. D'où, ce second précepte sur lequel, Messieurs, j'appelle fortement votre attention, de toujours s'assurer de l'état des annexes avant de faire une opération sur l'utérus.

Les *conditions physiologiques* auxquelles est soumis l'utérus, nous donnent aussi la clef d'une foule de phénomènes pathologiques et même thérapeutiques, puisque, dit M. Courty, on peut en tirer un grand parti pour le traitement des affections utérines. Rappelez-vous le mode de vitalité de la matrice, et les actes physiologiques élémentaires qui sont nécessaires au complet accomplissement de ses fonctions. Vous savez avec quelle facilité elle subit les modifications les plus considérables

et par suite les altérations les plus remarquables dans sa structure, dans son innervation, dans sa circulation, dans son tissu
tout entier ; vous connaissez en un mot les changements pro-
fonds et incessants qui se produisent dans sa nutrition suivant
l'âge de la femme ou pendant la période menstruelle, pendant
la grossesse, après l'accouchement. Vous ne vous étonnerez
donc pas de la part considérable de ces conditions physiologiques dans l'aggravation, dans la durée des affections utérines,
ainsi que dans les récidives que l'on observe si souvent à la
suite des règles, ou à la suite de l'accouchement.

M. Courty a étudié avec le plus grand soin toutes ces causes
prédisposantes locales, sur lesquelles je désire, avec lui, attirer
notre attention. Je citerai au premier rang la *menstruation*.
Trois actes physiologiques élémentaires concourent à l'accomplissement de cette fonction périodique : la fluxion, la congestion, l'évacuation critique du sang. Que l'un d'eux vienne à
manquer, la fonction est anormale. Tous trois interviennent
dans presque toute affection utérine, comme cause ou comme
complication. Aussi le médecin doit-il les surveiller avec soin,
surtout le dernier, plus facilement perceptible, afin de les sti-
muler ou de les diminuer suivant les cas. En effet, il a pouvoir
sur eux, soit pour en annuler ou modérer l'influence, soit pour
en modifier l'expression, soit enfin pour en combattre les effets.
Ces trois actes se commandent mutuellement : l'énergie de la
fluxion augmente la congestion, et la congestion par son intensité exagère l'évacuation. Que l'équilibre soit rompu entre ces
divers éléments essentiels de la fonction menstruelle, et l'affection utérine éclate ! Et, résultant d'un trouble circulatoire,
elle se présente avec des caractères anatomiques que vous
pouvez prévoir, c'est la congestion, l'inflammation, l'hypertrophie, terme extrême de la métrite, qui dominent. Vous devi-
nez d'ailleurs aisément les rechutes qui vont se produire à
chaque période menstruelle et les aggravations qui ne manque-
ront pas d'en résulter. C'est là, en effet, Messieurs, le véritable
rôle, la manifestation réelle de cette cause locale.

Tous les troubles menstruels sont loin d'être inévitablement
suivis d'affections utérines ; il faut avant tout qu'un état consti-

tutionnel préexistant ait préparé soit insidieusement, soit ouvertement le germe qui aura pu jusqu'alors rester latent, mais qui se développera sous l'influence nocive de l'accident menstruel.

La fluxion n'a pas seulement pour effet de préparer, d'attirer la congestion, de déterminer l'hémorrhagie, de favoriser ou d'exagérer le flux, d'aider l'hypertrophie, d'entretenir l'engorgement et de fournir à l'inflammation ses éléments naturels, elle entrave encore le traitement, prolonge la maladie par la périodicité de ses retours, l'aggrave souvent par son intensité, joue enfin le principal rôle dans les rechutes qui suivent trop fréquemment une guérison apparente.

La congestion, dit Aran, doit être envisagée sous deux aspects particuliers : tantôt elle est liée à une maladie, actuellement existante, du système utérin dont elle n'est qu'un épiphénomène, ou dont elle constitue une complication, dont elle retarde ou empêche la guérison ; tantôt elle existe primitivement dans l'utérus ou dans le système utérin et *facilite* le développement d'affections nouvelles ; elle constitue à proprement parler un élément des maladies utérines et devient une source d'indications thérapeutiques. L'indication capitale, en effet, peut se subdiviser : ne doit-on pas d'abord diminuer l'état congestif à l'époque des règles ; ensuite, combattre la congestion qui persiste après chaque époque jusqu'à la suivante.

L'évacution pèche par excès ou par défaut. Par excès, elle constitue pour ainsi dire une maladie; par défaut, elle empêche la crise naturelle de s'opérer et laisse l'utérus congestionné.

Les phénomènes physiologiques qui se passent dans l'utérus à chaque menstruation se produisent avec bien plus d'intensité pendant la *grossesse*.

Ici la fluxion et la congestion sont continues, mais l'évacuation sanguine n'a pas lieu, du moins dans l'immense majorité des cas où la déplétion ne se produit qu'après l'accouchement. Qu'une cause quelconque vienne à l'empêcher, on verra survenir une affection utérine, toujours dans les mêmes conditions que j'ai réservées plus haut.

Vous voyez donc que c'est à juste titre que je fais jouer

à la grossesse un rôle important parmi les causes locales prédisposantes des affections de l'appareil génital. Il sera plus
important encore si nous tenons compte des modifications
profondes subies par le tissu utérin sous l'influence de la
gestation.

Vous savez en quoi consistent ces modifications : de l'af-
flux sanguin plus considérable et de la richesse circulatoire
plus grande de l'utérus gravide résultent l'hypertrophie de tous
les éléments et même la formation d'éléments nouveaux. Au
contraire, quelque temps après l'accouchement s'opère un
travail de régression, une évolution rétrograde, consistant
dans l'atrophie de certains éléments et dans la disparition de
certains autres. La muqueuse utérine par exemple, subit alors
une rénovation complète, analogue du reste à celle plus ou
moins partielle qu'on constate quelquefois dans certains cas
de menstruation difficile, tant ce fait est la caractéristique de la
vie propre et de l'activité de l'utérus.

De ces changements fréquents dans la structure de l'utérus,
résulte une remarquable instabilité de cet organe, qu'on ne
retrouve dans aucun autre et qui donne raison de la facilité
avec laquelle les affections utérines peuvent alors se développer.

Ces considérations inspirent à M. Courty les réflexions sui-
vantes :

« La structure de l'utérus est en rapport avec les modes de
manifestation tout à fait spéciaux des fonctions nutritives et
de la vie propre de cet organe. Ce qui caractérise son tissu,
c'est la présence d'éléments fibro-plastiques, c'est la disposition continuelle, incessante à l'hypertrophie soit par la formation d'éléments nouveaux, soit par l'augmentation du volume
de ses propres éléments pour suffire à l'ampliation considérable que subit l'organe pendant la grossesse, à l'énergie, à la
richesse de sa circulation pendant la même époque, à la continuité du mouvement fluxionnaire normal dont il est le siége, à
la violence des contractions qui doivent momentanément l'ani-
mer. Ce tissu est toujours en instance d'organisation : l'hypertrophie, l'atrophie, sont en quelque sorte des fonctions par

lesquelles il se réalise tour à tour et à plusieurs reprises pendant la vie de la femme des différences profondes dans la structure de l'utérus. S'hypertrophiant pendant la grossesse, s'atrophiant après l'accouchement pour revenir à ses dimensions normales, il semble n'avoir en partage au lieu de la stabilité propre aux autres organes et à leurs éléments qu'une instabilité continuelle, qu'une mobilité incessante, qu'une tendance constante à l'accroissement et au décroissement. Ces dispositions anatomiques, accusées par la nature même du tissu, par la présence, surtout dans la muqueuse, de l'élément organisateur par excellence, l'élément fibro-plastique, coïncident avec des dispositions physiologiques analogues, telles que l'habitude des mouvements fluxionnaires, l'alternance de la congestion et de la déplétion. »

Or, nous avons précisément vu que les tendances fluxionnaires, plastiques, hypertrophiques, caractérisent la plupart des affections utérines comme elles caractérisent les fonctions de l'organe. La fluxion, l'exubérance plastique, l'hypertrophie portent sur tous les éléments à la fois ou seulement sur certains d'entre eux : de là la fréquence des inflammations, des engorgements, des congestions, des flux, des tumeurs, et des productions homologues de toutes sortes.

Localisée sur la muqueuse, limitée à une faible étendue, portant sur la partie la plus superficielle des papilles du derme, sur ses vaisseaux, sur l'épithélium qui la recouvre, cette hypertrophie donne naissance aux granulations si fréquentes du col ; se concentrant sur les éléments glandulaires, elle préside au développement des tumeurs, kystes et polypes folliculaires ; siégeant dans le tissu propre, dans la totalité de ses éléments, elle donne naissance à l'hypertrophie proprement dite, généralisée, *totius substantiæ*, concentrique.

Elle peut d'ailleurs s'étendre à l'utérus entier ou se limiter soit au corps, soit au col, soit même à un des segments du col ou du corps, à l'une des parois de celui-ci, à l'une des lèvres de celui-là. N'envahissant enfin que certains éléments à l'exclusion de certains autres, elle donne naissance soit aux tumeurs vasculaires, soit aux fibroïdes, soit aux corps fibreux, soit aux polypes.

Si la grossesse, en vertu des modifications qu'elle imprime à la nutrition et à la structure de l'utérus, joue un rôle si important dans le développement des affections utérines, il est facile de comprendre que l'*accouchement*, par suite du traumatisme infligé à la matrice, doit jouir d'une influence encore plus efficace.

La métrite post-puerpérale, si communément observée, est un fait qui a convaincu tous les praticiens de l'action mécanique de l'expulsion fœtale. Celle-ci, en effet, ne se fait qu'au prix d'une certaine violence, accompagnée de douleur, d'écoulement de sang, de contusion, de perte de substance, de déchirure du col et de la muqueuse ; elle est suivie d'une période de réparation, de substitution, de cicatrisation pour ainsi dire qui, pour n'être pas réellement bourgeonnante comme dans une solution ordinaire de continuité, ne s'obtient néanmoins qu'aux prix d'un travail inflammatoire notable et d'une fièvre traumatique qu'aujourd'hui on n'explique plus par l'apparition d'un acte physiologique, la sécrétion du lait.

De l'observation attentive des faits découlent les indications qui doivent régler la conduite du médecin auprès d'une femme en couches. Il doit la surveiller attentivement et favoriser le travail d'involution qui doit se produire après l'accouchement comme après l'avortement, par le repos le plus complet, ordonné pendant tout le temps qu'il n'aura pas nettement observé le retour de l'utérus à son volume normal, c'est-à-dire pendant cinq à six semaines. Et a plus forte raison doit-il redoubler de prudence et de précautions si la femme a été ou est atteinte d'une affection utérine.

Le « qui peut le plus peut le moins » est ici d'une vérité absolue. Qui a pu engendrer peut perpétuer, peut développer, peut rappeler ou faire renaître, en mettant à profit les moindres velléités morbides subsistantes ou les prédispositions préexistantes. Aussi peut-on annoncer presque à coup sûr que telle femme, qui a fait de nombreuses couches, surtout à des intervalles de temps peu éloignés, est atteinte de métrite et de métrite à forme chronique.

En effet, Messieurs, ce n'est pas seulement à cause de leur rôle, qui n'est en réalité que secondaire, dans la production des affections de la matrice que ces propriétés physiologiques sont intéressantes à étudier, mais bien à cause de la *forme*, de la *marche*, des *rechutes*, qu'elles impriment à ces affections et par conséquent à cause des symptômes qu'elles leur imposent, ainsi que je vous le montrerai dans une prochaine leçon.

La grande tendance à se modifier et à s'adapter au rôle qu'il doit jouer dans la menstruation, la conception, la grossesse, l'accouchement, l'utérus la conserve dans toutes les circonstances qui le mettent dans des conditions plus ou moins analogues à ces causes prédisposantes locales. Qu'il préexiste alors une maladie constitutionnelle ou diathésique, une affection utérine ne manquera pas de survenir.

C'est ainsi que tous les auteurs ont signalé l'*avortement* comme une cause locale prédisposant fréquemment aux affections utérines.

Aran évalue aux deux tiers environ de toutes les affections utéro-ovariennes, celles qui viennent après l'accouchement et l'avortement, et à un quart, celles qui atteignent les accouchées, en dehors d'une relation directe avec la parturition, et à un dixième celles que l'on observe chez des femmes vierges ou nullipares.

M. Courty accepte ces chiffres.

Si je consulte le relevé des malades qui ont été soignées dans mon service depuis le mois de janvier 1877, je vois que sur 71 métrites observées :

32 l'ont été chez des femmes ayant eu une ou plusieurs grossesses,

17 chez des nullipares,

1 chez une vierge,

et que 21 fois les renseignements à ce sujet n'ont pas été mentionnés.

Cette statistique se rapproche donc assez de celle d'Aran ; elle serait même plus élevée. Je ne puis néanmoins lui accorder encore une grande valeur, car elle porte sur un trop petit nombre de faits. Dans quelques années au contraire, je serai à même de vous fournir des résultats plus concluants.

Il est indispensable d'observer après l'avortement les mêmes précautions que je vous ai conseillées après l'accouchement. Je n'ai jamais eu qu'à me louer de les prolonger jusqu'à ce que la matrice soit revenue complètement sur elle-même et à sa place ; les fausses couches, en effet, semblent plus encore que celles qui se font à terme et naturellement, disposer l'utérus à devenir malade et l'exposer davantage aux engorgements, aux congestions tenaces, aux inflammations chroniques.

Ne vous étonnez pas non plus de voir alors d'anciennes affections utérines présenter une nouvelle acuité et survenir des rechutes, parfois très-graves, en tout cas très-fréquentes.

Le rôle de la *ménopause* est assez marqué ; aussi dans cette étude je ne puis passer sous silence cette époque, dite à juste raison *critique*. En effet, à cette période ultime de la vie génitale de la femme, il survient des hyperémies plus ou moins fréquentes, plus ou moins intenses, suivies d'évacuations critiques rares et en tout cas insuffisantes, qui favorisent singulièrement l'éclosion des maladies diathésiques surtout et par suite le développement des affections utérines. C'est une puissante cause locale, elle provoque, elle attire la manifestation sur l'organe tourmenté, et constitue ainsi un *appelant* énergique, comme vous pouvez aisément vous en convaincre par la seule statistique des cancers utérins qui se montrent à cette époque si généralement redoutée des femmes (thèse de Danlos, 1874).

C'est toujours par le même mécanisme, par la répétition des mouvements fluxionnaires, et en vertu des congestions entretenues dans l'utérus et des troubles circulatoires consécutifs que s'explique l'action de certaines causes prédisposantes locales qu'il me reste à vous faire connaître. Je veux parler des rapports sexuels pratiqués soit d'une manière excessive, soit d'une façon incomplète, ou bien en temps inopportun ; je veux parler aussi de certaines manœuvres illicites dont il ne faut pas que le médecin se dissimule la fréquence ou méconnaisse les effets, sans cependant les exagérer.

Les *rapports sexuels* ont sur le développement et surtout sur la perpétuation des affections utérines une influence incontestable mais à laquelle certains auteurs, West et Churchill, en particulier, ont accordé une importance démesurée.

Dieu merci ! ces actes ne sont pas responsables de tous les accidents qu'on leur a attribués et l'accomplissement de ces fonctions physiologiques n'entraîne pas tant de fâcheuses conséquences.

Pour apprécier avec précision et justesse leur action nocive, il faut considérer les cas les plus simples.

La question change évidemment si on ne l'envisage que chez de jeunes époux et dans une période où elle se complique presque toujours d'excès plus ou moins considérables. Il faut alors faire la part des congestions intenses entretenues presque en permanence dans les organes surmenés ; de là il n'y a pas loin à l'inflammation soit totale, soit partielle ; et ces tendances à la métrite sont encore fortement augmentées par le traumatisme qui alors intervient toujours dans le coït, soit par suite d'une ardeur excessive, soit en vertu de la disproportion des organes. Qui n'a observé cette métrite mécanique, connue encore sous le nom bien choisi de métrite par balistique ? N'oubliez pas non plus les fatigues de toutes sortes dont les jeunes mariés s'accablent comme à plaisir précisément dans un temps où, venant de s'unir, tout entiers à leur bonheur, ils devraient surtout observer le calme et la tranquillité pour toutes les autres choses de la vie. Mais tout conseil est alors infructueux, impuissant devant la mode ou l'entraînement. La voix de la raison, les avertissements de l'expérience se perdent au milieu du tumulte des réunions et des réjouissances qui se succèdent immuablement les unes aux autres. Ces divers procédés d'exténuation ne suffisent pas encore et il semble indispensable aux nouveaux époux d'ajouter, aux fatigues sexuelles, les seules explicables mais inévitables alors, toutes celles qu'ils se causent volontairement par les promenades à pied ou en voiture, les secousses de l'équitation, les voyages et les excursions dans des pays plus ou moins éloignés, mais toujours inconnus pour eux. Vous voyez, Messieurs, de combien d'adjuvants et de coïncidences défavorables à la santé, les rapports sexuels ont besoin pour devenir nuisibles. Ne croyez pas d'ailleurs que ce soit à plaisir que j'ai réuni comme dans un faisceau artificiellement unique, toutes les conditions capables de troubler par des souffrances et par là maladie la joie et l'entrain du jeune ménage, vous reconnaîtrez plus tard dans votre clientèle privée que je vous ai fidèlement rapporté les faits et que toutes ses circonstances se trouvent toujours, comme d'elles-mêmes, invariablement rassemblées, et dès lors, vous vous expliquez facilement, par tant de causes palpables, l'apparition fréquente des affections de l'appareil génital chez les jeunes femmes nouvellement mariées, tout en allégeant notablement les rapports sexuels de la lourde responsabilité que l'on a tenté de faire peser sur eux.

De même, ce ne sera pas l'acte génital même, mais bien l'opportunité qu'il faudra accuser, si, à la suite de coïts fréquemment exercés pendant la période menstruelle, vous voyez survenir des accidents. Ceux-ci seront dus à des congestions, à des inflammations, à des suppressions brusques de l'évacuation sanguine ou bien à de graves hémorrhagies internes, à des hématocèles rétro-utérines ainsi que mon excellent maître M. le professeur Tardieu l'a constaté chez une fille publique morte après des coïts répétés, nombreux, pratiqués pendant les règles.

Mais s'il y a lieu de donner le conseil de ménager la femme qui a ses règles à cause des dangers possibles que je viens de vous signaler, il faut bien savoir que le coït peut-être effectué et qu'il a été souvent accompli pendant la période menstruelle sans avoir été suivi d'inconvénient.

Une action bien plus efficace de l'accomplissement des fonctions génératrices est celle qui consiste à *entretenir*, à *perpétuer*, à *aggraver* une affection utérine. Celle-ci en effet résistera à tous vos soins si la malade ne se soumet pas à l'abstinence sexuelle. Vous serez tous les jours à même de constater l'exactitude de cette proposition et vous observerez sans peine que, dans un hôpital, la guérison s'obtiendra plus facilement et plus rapidement qu'en ville. Mais par contre, vous serez frappés de la plus grande fréquence des rechutes due à la condition sociale des malades, qui, à peine guéries, se livrent aux mêmes excès et s'exposent aux mêmes accidents.

_ C'est aussi en ralentissant la marche, en prolongeant la durée, en retardant la guérison des affections utérines qu'agissent certaines causes prédisposantes locales que je ne puis omettre de vous signaler dans l'étude de la pathogénie des affections utérines ; je veux parler du *coït incomplet*, sans conclusion naturelle, des *manœuvres illicites* et des différentes formes de la débauche solitaire ou en commun, telles que la *masturbation*, la *manuélisation*, le *saphisme*, suivant l'expression par laquelle Marion Sims a caractérisé les habitudes des femmes lesbiennes contemporaines de Sapho, etc., etc. Je ne crois pas, pour ma part, qu'au point de vue de la pathogénie utérine ces actes soient passibles de tous les méfaits que West et d'autres auteurs se sont complus à leur imputer, et qu'on puisse notamment leur attribuer certaines affections utérines de la matrice, telles que l'hypertrophie utérine, par exemple. Je pense que ces manœuvres agissent davantage sur d'autres organes, soit par des excitations répétées, sur le système nerveux (hystéricisme), soit par un affaiblissement progressif, sur l'état général (chloro-anémie, troubles digestifs, etc.), et que leur rôle, dans les affections qui nous occupent, consiste bien plutôt dans l'entretien, dans l'aggravation et dans le rappel que dans la production directe et même que dans la prédisposition, en faisant jusqu'à un certain point éclore les manifestations diathésiques et constitutionnelles.

Il ne m'est d'ailleurs pas possible, aujourd'hui, d'être plus explicite sur ce point de pathogénie. J'ai déjà vu plusieurs cas où ces causes devaient être invoquées à l'exclusion de toute autre. Dernièrement encore j'étais consulté par une dame de 28 ans atteinte de métrite chronique assez intense et chez laquelle le coït n'avait jamais eu lieu. Par conséquent, ni grossesse, ni accouchement, soit naturel, ni prématuré, ne pouvaient être invoqués pour expliquer la métrite chronique avec antéversion, qui, développée sous l'influence du lymphatisme, était entretenue par un saphisme presque quotidien. Pour leur assigner exactement la place qu'elles méritent, j'ai encore besoin de matériaux et de renseignements plus nombreux, plus complets. Dans quelques années je serai à même de produire une statistique réelle et précise, car, dans cet hôpital, les malades abondent, et les observations de toutes les femmes, qui passent dans mon service, sont, à tous ces points de vue comme aux autres, prises avec le plus grand soin par mes élèves.

Le *défaut d'allaitement* après les couches est considéré comme une cause fréquente d'affections utérines par Aran, Scanzoni, M. Courty et d'autres. Ainsi Aran a constaté que sur cent femmes atteintes de maladies de matrice, soixante-dix n'avaient pas nourri. A ce sujet M. Courty s'exprime ainsi : « La fluxion considérable et continue, que l'allaitement entretient sur les mamelles, détourne les mouvements fluxionnaires qui se porteraient sur l'utérus, avec d'autant plus d'efficacité que ces deux organes sont rattachés l'un à l'autre par un lien sympathique non équivoque, et, par conséquent, aide les actes de résolution et de résorption qui tendent à dissiper la congestion et l'engorgement de la matrice. » Il ajoute plus loin : « L'allaitement est encore utile en empêchant la menstruation et par conséquent la fluxion et la congestion qui la caractérisent ; il empêche enfin le retour prématuré de la grossesse. »

Quoi qu'il en soit de l'explication, fort plausible d'ailleurs, j'admets le fait sur lequel je reviendrai lorsque, l'année prochaine, je m'occuperai des congestions utérines et des endométrites en particulier.

Pour terminer, Messieurs, ce qui a trait aux causes prédisposantes locales, il me reste à examiner avec vous la part qui revient, dans la pathologie utérine, à certaines conditions de la femme, telles que la *virginité*, la *stérilité*, le *célibat*.

Certains auteurs ne craignent pas d'attribuer à la stérilité ou au célibat les fibroïdes, les polypes, le cancer de l'utérus. Je pense, à ce sujet, comme M. Courty, qu'il n'y a entre ces faits aucune relation de cause à effet.

Il est certain que la stérilité doit exempter la femme d'un certain nombre d'affections utérines, de toutes celles évidem-

ment que nous avons vues ressortir de la grossesse et de l'accouchement. Je vous ai signalé à ce propos la solidarité pathologique qui existe entre l'utérus et ses annexes et qui s'explique
aisément par la communauté des fonctions du système utéro-
ovarien. Or c'est surtout à l'occasion de la gestation et de l'expulsion du produit de la conception que s'enflamment les
annexes de l'utérus; et vous savez, d'autre part, avec quelle
facilité l'inflammation se propage, par l'intermédiaire de la sé
reuse péritonéale, de l'utérus à la trompe et à l'ovaire ou réciproquement de l'ovaire, de la trompe à l'utérus.

Les femmes stériles ne seront donc pas atteintes de ces derniers accidents, qui, sans contredit, occupent une large place
dans les maladies spéciales au sexe; mais elles ne seront nullement à l'abri des affections dues au développement et à la loca-
lisation des états constitutionnels ou des diathèses. Je dirai
plus : souvent c'est parce que la cause véritable et primitive de
l'affection utérine est restée inaperçue et le traitement mal
dirigé, que la stérilité existe et persiste. C'est ce que n'ont pas
vu les médecins localisateurs ; pour n'avoir pas tenu compte
des manifestations constitutionnelles dans la pathogénie des
affections utérines, ils ont méconnu la filiation de la stérilité
et ont donné aux faits une mauvaise interprétation. En effet,
que l'on vienne à faire disparaître l'affection utérine, et la stérilité disparaîtra, *sublatâ causâ, tollitur effectus.* C'est là le succès
de certaines eaux minérales ; les résultats, parfois merveilleux,
obtenus à Ems, par la source aux garçons (Bubenquelle), n'ont
pas d'autre cause.

Quant au *célibat,* il a bien à compter avec les conséquences
des troubles menstruels et des traumatismes possibles, mais
c'est encore l'état diathésique qui doit être ici le plus souvent
invoqué. Les cas de cancers, chez de vieilles filles vierges, sont
loin d'être rares. Cette opinion est partagée par M. Courty ; de
même, M. Pidoux déclare que, sauf les maladies constitutionnelles,
les femmes vouées au célibat, telles que les religieuses, ne présentent que rarement des affections utérines. Il a observé que
ces femmes au moment de leur entrée au couvent, présentent
souvent de la leucorrhée, de la dysménorrhée, etc., puis que,

peu à peu, sans traitement et sous l'influence seule de la vie claustrale, à l'abri de toutes les émotions mondaines qui retentissent parfois si douloureusement sur le centre génésique de la femme, elles acquièrent une santé meilleure; elles ont des règles de moins en moins pénibles, de plus en plus rares, si bien que chaque mois, c'est à peine si quelques taches de sang, laissées sur leur linge, viennent leur rappeler qu'elles sont femmes dans le sens physiologique du mot. Concurremment avec cet affaissement de la vitalité de l'utérus qui se flétrit par l'inertie et l'oubli dans lesquels il est plongé, contrairement aux desseins de la nature, on constate une atrophie proportionnelle de la glande mammaire.

M. Tillot pense, avec raison, que ces faits n'ont aucune valeur contre la doctrine des maladies constitutionnelles et diathésiques; car, en l'absence de causes prédiposantes locales, c'est-à-dire de moyens adjuvants, la diathèse prend un autre cours et va se jeter sur un autre organe ou sur un autre système.

En gynécologie quelle est la part qui revient à la *virginité?* Il faut encore ici scinder la question et se demander quelles affections surviennent de par la virginité? Vous observerez, en effet, Messieurs, des affections utérines chez les femmes vierges. Sans nul doute, elles sont moins fréquentes que dans le cas contraire, d'abord parce que les sujets sont bien moins nombreux, mais elles sont loin d'être absolument rares. Chez ces malades vous rencontrerez la fluxion, la congestion utérine, la leucorrhée, le catarrhe utérin et même la métrite, souvent les déplacements de la matrice et particulièrement l'antéversion, l'antéflexion, qui ne sont alors que l'exagération de la disposition normale. Les vierges, en effet, n'échappent ni aux traumatismes, ni aux diathèses, et sont atteintes les unes de métrites mécaniques, les autres de métrites constitutionnelles : strumeuse, cancéreuse, etc. Rappelez-vous cette jeune fille vierge, âgée de 16 ans, qui vint dernièrement à ma consultation et qui portait tous les attributs d'un lymphatisme prononcé. On pouvait constater tous les symptômes et les signes fonctionnels de la métrite strumeuse, entre autres le tiraillement ombilical, et en même temps ceux de l'antéversion. Vous trouverez d'autre part dans la salle Saint-Alexis, au lit n° 46, un exemple de métrite traumatique chez une vierge; il s'agit d'une fille, âgée de 25 ans, qui exerçait pendant dix et douze heures chaque jour le pénible métier de mécanicienne. Au bout d'un certain temps elle éprouva des tiraillements dans le ventre et sentit un beau jour un de ses organes abdominaux se déplacer, « se décrocher », suivant son expression. Il s'était produit une sorte de subluxation utérine par suite de la distension et du tiraillement des ligaments suspenseurs.

La malade vint me trouver et j'ai constaté tous les signes fonctionnels de la métrite, un écoulement muqueux abondant, des troubles menstruels, des douleurs abdominales, etc., et une antéversion prononcée.

D'autre part, chez la vierge, les troubles dans les fonctions physiologiques de l'utérus, notamment ceux de la menstruation, agissent comme cause prédisposante, adjuvante et éveillent les manifestations constitutionnelles, dans lesquelles réside la véritable pathogénie. Les auteurs Aran, Bennett, Nonat, Courty, en citent de nombreuses observations. Ils font remarquer, avec raison, que le corps utérin et la muqueuse du corps sont plus souvent atteints que le col et que la muqueuse du col utérin. Ces faits sont importants à signaler et à retenir ; car, c'est parce qu'on n'admet pas facilement la métrite chez la vierge, qu'on méconnaît certains accidents sympathiques. De là, pour les médecins, des méprises fort préjudiciables aux malades, car les accidents persistent, rebelles et tenaces, tant que la métrite n'a pas été prise à partie. On trouve, dans Nonat entre autres, un exemple de paralysie symptomatique d'une métrite chez une vierge. Nous aurons d'ailleurs bientôt à parler de ces singulières complications.

Relativement à l'*hérédité* des affections utérines, vous ne serez pas étonnés de me voir l'admettre du moment que, dans leur pathogénie, je fais jouer un rôle si considérable aux états constitutionnels et diathésiques. L'hérédité de constitution et de tempérament entraîne aussi la disposition héréditaire. M. Pidoux a dit avec raison qu'une affection ne peut être constitutionnelle sans être héréditaire. M. Courty ayant vu des femmes atteintes de cancer utérin dont étaient mortes leurs mères, admet, pour le cancer, l'hérédité directe.

Quant à l'*âge* auquel on observe le plus communément les affections utérines, c'est certainement pendant celui de l'activité sexuelle, alors que les fonctions génératrices s'accomplissent avec le plus d'énergie, les rapports sexuels avec le plus de fréquence, les grossesses avec le moins d'intervalle ; ainsi, M. Nonat, sur 300 cas de métrite, en a observé 155 de 20 à 30 ans. Aran, sur 100 cas, en a vu 62 chez des femmes de 20 à 30 ans. J'ai classé les 71 métrites qu'il m'a été donné d'observer depuis le mois de janvier, par séries de cinq ans et je trouve les résultats suivants :

20 chez des femmes de 15 à 20 ans.
27 » 20 à 25 »
16 » 25 à 30 »
8 » 30 et plus.

Après la ménopause, les affections utérines, outre qu'elles sont plus rares, peuvent exister depuis longtemps sans déterminer de vives douleurs, ni provoquer de troubles sympathiques. Elles peuvent rester, dit M. Courty, indéfiniment pour ainsi dire à l'état latent.

Maintenant, Messieurs, que j'ai développé devant vous la doctrine pathogénique des affections utérines que je professe, est-ce à dire que je veuille rapporter à cette doctrine toutes les affections de l'appareil utéro-vaginal; que j'aie la prétention de la voir dominer d'une façon absolue toute la pathogénie utérine et de faire inflexiblement rentrer toute cette dernière dans le cadre que je viens de tracer ? Evidemment non; et ce serait commettre une étrange erreur, que de ne pas vouloir tenir compte d'un assez grand nombre de faits qui échappent à cette doctrine. Je veux parler des affections utérines qui se développent à la suite de causes traumatiques, telles que blessures, chutes, contusion abdominale, qui se développent par suite de la propagation inflammatoire ou même qui résultent de la contagion. Il est évident que ces affections aiguës, passagères, accidentelles, disparaissent souvent sans laisser de traces, ni réveiller l'éclosion d'une maladie constitutionnelle ou diathésique, qui, d'ailleurs, peut bien ne pas exister, car l'individu n'est pas fatalement voué à une maladie constitutionnelle ou diathésique. Des faits existent donc, et même en assez grand nombre, je le répète, qui sont indépendants ; il ne saurait donc y avoir de discussion sur l'existence des affections utérines non constitutionnelles ou non diathésiques. Mais tous ces faits ne contredisent nullement la doctrine que je soutiens, doctrine que je considère comme parfaitement exacte et que je vous rappellerai en terminant ce trop long exposé de pathogénie, parce que, suivant moi, elle domine toute la pathologie des organes génitaux et sexuels de la femme.

Une affection chronique de l'utérus est presque toujours la conséquence d'une maladie constitutionnelle ou d'une diathèse, la chlorose étant regardée comme telle. C'est cette doctrine des maladies chroniques que M. Pidoux a résumée par cet aphorisme : « L'affection aiguë est la maladie de l'espèce, la chronique est celle de l'individu. »

Pour que la pathogénie des affections utéro-vaginales soit complète, il me reste, Messieurs, à vous exposer en quelques mots le mode de leur développement.

Développement des affections utérines. — Je n'ai pas à m'étendre sur le développement des affections contagieuses ou traumatiques ; leur origine nous est connue, et d'ailleurs j'y reviendrai à propos de la description de chaque affection utérine ou vaginale. Le point important qui nous intéresse aujourd'hui est le suivant : Comment se développent les affections utéro-vaginales chroniques sous l'influence des maladies générales ? On peut leur reconnaître deux modes de développement : Emanent-elles d'un produit morbide spécial (tubercule ou cancer), ou sont-elles constituées par un produit éruptif, soit eczémateux, soit herpétique à la surface de la muqueuse ; ou bien encore résultent-elles de troubles purement fonctionnels, nutritifs, circulatoires ou nerveux? Elles sont, dans ce cas, *primitives* ou *protopathiques*. Si elles dépendent au contraire d'une des causes prédisposantes précédemment signalées, dont l'action aurait appelé et fixé sur l'utérus une manifestation de l'état général, elles sont *secondaires, consécutives* ou *deutéro-pathiques*.

Dans le premier cas, le développement est facile à comprendre : l'irritation produite dans les tissus par le produit morbide ou éruptif explique le processus inflammatoire de ces affections, de telle sorte que nous émettons d'un seul coup le diagnostic anatomique, le diagnostic pathogénique et le diagnostic nosologique. Malheureusement tous les cas ne se prêtent pas à une telle facilité ; ce sont surtout ceux qui résultent d'un trouble fonctionnel, nutritif, circulatoire ou nerveux, c'est-à-dire ceux de la deuxième catégorie. Ici le triple diagnostic est souvent fort difficile ; le diagnostic anatomique est parfois le seul possible. Nous constatons la lésion utérine (diag. anat.), mais son processus, sa nature nous échappent ; aucune éruption, aucun produit spécial n'existent pour nous mettre sur la voie. D'où viennent ces difficultés ? Les femmes n'osent pas tout d'abord se plaindre, avouer qu'elles ont les organes sexuels malades ; elles retardent, elles temporisent, elles attendent qu'elles soient très-souffrantes, qu'elles soient poussées à bout par la douleur et par les tourments pour en faire l'aveu à leur médecin et pour lui demander un conseil ; lorsqu'elles se décident, l'éruption caractéristique, l'accident primordial s'est modifié, altéré ou bien même a disparu.

Bien plus, après bien des délais, des retards, si les malades se décident à recourir à la science, ce n'est pas leur médecin ordinaire qu'elles choisissent de préférence, mais un inconnu, pour lequel elles sont aussi des inconnues, de même que leur constitution et leur prédisposition héréditaire. Il en résulte que le médecin n'est consulté qu'après la disparition des manifestations éruptives caractéristiques ; et, comme à part quelques symptômes fonctionnels spéciaux, quelques lésions plus accentuées dans certaines formes d'affections que dans certaines autres, les lésions et les symptômes fonctionnels des affections utéro-vaginales constitutionnelles ou non, sont presque identiques, pour ne pas dire identiques, vous comprenez combien il peut être épineux et ardu d'établir rétrospectivement la na-

ture de l'affection qu'on a sous les yeux, d'en fixer le processus
pathologique et d'en poser les diagnostics nosologique et pathogénique. On y peut arriver néanmoins, et l'on y arrive communément, si l'on a soin d'interroger attentivement les antêcé-
dents, l'état général de la malade, si l'on recherche scrupu-
leusement sur la peau et sur les autres muqueuses, les traces
ou les vestiges des manifestations par lesquelles l'état constitutionnel ou diathésique a pu antérieurement se montrer. En effet,
Messieurs, l'affection utéro-vaginale se développe rien que par
le fait de la maladie constitutionnelle en puissance chez la
femme, sollicitée ou non par une des causes prédisposantes déjà
signalées. Or, pour se constituer sur la muqueuse utéro-vaginale, pour se fixer sur l'appareil génital, elle suit un processus
morbide non pas différent, mais identiquement semblable à
celui qu'elle affecte pour se déterminer sur les autres muqueuses, sur les autres organes.

Il y aura donc, entre ces manifestations, diverses par le siége,
mais identiques par la nature, un lien commun qui sera pour
le médecin un guide bien précieux.

Prenons, si vous le voulez bien, pour exemples, les muqueuses buccales, pharyngées, laryngo-bronchiques. Sous l'influence d'un simple trouble fonctionnel, d'une simple irritation
produite par la fumée du tabac, par un abus de la parole ou
d'une légère inflammation résultant d'un refroidissement, nous
voyons survenir des angines, des laryngites granuleuses d'origine strumeuse, arthritique ou herpétique, se caractérisant
par des granulations de la muqueuse, une vascularisation plus
grande, du boursouflement des tissus, une sécrétion muqueuse
spéciale. De même, un simple trouble irritatif suffira lorsque
le terrain est préparé, lorsque la diathèse préexiste, pour ame-
ner la tuberculisation pulmonaire. La diathèse était virtuelle;
son éclosion est sollicitée par une cause souvent des plus
légères ; elle éclate, avec tout le cortége de ses symptômes ha-
bituels, avec ses caractères spéciaux, avec sa marche chronique.

Dans un autre ordre d'idées, ne suffit-il pas souvent, pour
voir apparaître les manifestations d'une maladie chronique,
d'une chute, d'un coup, d'un simple traumatisme sur une ré-

gion quelconque du corps, d'une vive émotion ? Ne savons-nous
pas qu'un accès de goutte peut apparaître à la suite d'une se-
cousse physique ou morale, à la suite par exemple d'une violente colère, d'un grand chagrin ou d'une vive joie? Laissez-
moi, à ce sujet, vous conter le fait suivant : Un de mes clients,
rhumatisant et goutteux, voit à l'âge de 20 ans, un premier
accès de goutte survenir après un érysipèle de la face. Il est
atteint plus tard de rhumatisme musculaire, ensuite d'une violente attaque de rhumatisme articulaire aigu, consécutive
aussi à un érysipèle de la face. Vingt ans après l'accès de goutte
signalé plus haut, un deuxième éclate brusquement à la suite
d'une violente émotion.

Ne voyons-nous pas encore, ainsi que M. Noël Gueneau de
Mussy en a rapporté un exemple, une manifestation cutanée
herpétique succéder à la bénigne irritation de la peau sur laquelle avait été simplement appliqué un topique opiacé ? D'où
l'indication de ne jamais appliquer de cataplasme de farine
de graine de lin sur la figure d'individus prédisposés à des
manifestations d'une maladie constitutionnelle, de n'employer
que la crème de riz ou la fécule de pommes de terre.

Eh bien, Messieurs, il en est de même pour la muqueuse
utérine: il suffit d'une émotion morale vive, d'un trouble léger
dans la circulation, la nutrition ou l'innervation, d'un traumatisme quelconque, et à plus forte raison de l'apparition d'une
des causes prédisposantes locales citées plus haut, pour voir
survenir une affection chronique se traduisant alors par des
phénomènes morbides en rapport avec l'organe attaqué. Il serait, en effet, véritablement bizarre que l'utérus soumis à des
troubles si variés, voué à des fonctions si importantes, qu'un
organe qui joue dans l'organisme de la femme un rôle si considérable, échappât aux influences constitutionnelles, si dési-
reuses d'ordinaire de laisser partout leur empreinte.

Cette doctrine, d'ailleurs, du processus des affections utérines
a déjà été défendue par des hommes de grand talent, et dont
je vous ai déjà cité les noms : Huguier, MM. Gosselin,
Bazin, Pidoux, Noël Gueneau de Mussy, Durand-Fardel, Peter,
Tillot, etc. Ecoutez encore ce que dit ce dernier dans l'excellent

travail que je vous ai si souvent signalé dans le cours de
ces leçons à propos de l'explication du processus des affections
utérines : « La diathèse strumeuse établit de bonne heure son
influence morbide dans l'économie; c'est elle qui donne lieu à
la plupart de ces leucorrhées rebelles et tenaces. L'affection,
d'abord limitée aux follicules du col (Morgagni, Huguier), gagne
le parenchyme de cette partie de l'organe et y détermine un
travail d'hypertrophie, amène sur le museau de tanche des granulations simples ou fongueuses, des ulcérations, des érosions;
d'autres fois, le catarrhe se supprime pour une raison ou pour
une autre et il se fait une fluxion inflammatoire sur les
ligaments larges ou sur les ovaires. » Plus loin, il ajoute :
« Les diathèses ont non-seulement des manifestations locales
caractérisées par des lésions mais aussi par de simples troubles fonctionnels. Chez les scrofuleuses, rien n'est plus fréquent
que de voir de l'aménorrhée, de la dysménorrhée. »

Avec MM. Bazin et Gueneau de Mussy, j'ajouterai que les
mêmes troubles s'observent chez les syphilitiques, chez les herpétiques, chez les arthritiques. Que chez ces femmes une influence quelconque survienne et nous verrons, comme le dit
M. Desnos, une métrite se développer et devenir rebelle à la
thérapeutique, si la scrofule, et j'ajouterai l'herpétisme, l'ar-
thritisme et la syphilis, ne sont pas modifiés.

Quant au mode d'action de la chlorose sur le développement
des affections utérines, M. Tillot s'exprime ainsi : « L'influence
qu'exerce cette altération du sang sur le système nerveux peut
l'expliquer. On sait quelle est la part que prennent les altérations des nerfs sur le développement des maladies : on connaît
les résultats que M. Cl. Bernard obtient par la section du grand
sympathique (phlegmasies, suppurations); eh bien, la chlorose
agit en diminuant l'innervation du système utérin, elle perver-
tit ses sécrétions, et, du travail fonctionnel morbide, fait arriver
la muqueuse à l'état de phlegmasie. »

Voici, à ce sujet, comment s'exprime Andral, dans sa Clinique
médicale : « C'est se fonder sur une analogie raisonnable et ne
point s'écarter de loin d'une saine philosophie que d'admettre
que, dans tous les cas où les principaux agents de la vie, le sang

et le système nerveux, ne nourrissent et n'excitent pas suffisamment les organes, la force toute vitale d'agrégation par laquelle sont réunies les différentes molécules des tissus vivants, cette force, dis-je, cesse d'avoir son intensité physiologique : de là diminution de la cohésion de ces tissus et leur ramollissement. »

M. Pidoux a dit de même : « Si, sous l'influence de la chlorose, il se produit du spasme dans le cœur et les artères, pourquoi n'agirait-elle pas de la même façon sur l'utérus, en y déterminant des spasmes accusés par les douleurs ou par des sensations de poids ou d'embarras dans la région, si communes chez les femmes ? »

Quoi qu'il en soit de ces diverses explications données sur le développement, par la chlorose, des affections utérines, retenons, Messieurs, ce fait, c'est que cette influence est indéniable.

Pour terminer cette trop longue étude pathogénique qui se trouve cependant justifiée par son importance, puisque presque toute la thérapeutique des affections utérines en découle, je crois ne pouvoir mieux faire que de vous rapporter l'opinion ingénieuse du docteur Pidoux sur cette question de pathogénie. Ce sera en quelque sorte le résumé de la doctrine que je viens de vous exposer, et dont le point capital et sur lequel je me suis efforcé fortement d'attirer votre esprit et votre attention, consiste à faire bien ressortir le lien intime qui unit presque *toujours les affections chroniques de l'utérus aux maladies constitutionnelles ou diathésiques.*

Sous le nom de *dysmétrie*, le savant inspecteur des Eaux-Bonnes désigne toutes les lésions, toutes les altérations fonctionnelles de l'utérus. « Il y a, dit cet auteur, dans l'économie, un viscère que l'on peut rapprocher de l'utérus, c'est l'estomac, qui est le centre de la vie de conservation, comme l'utérus est le centre de la vie de reproduction. Quand l'estomac fonctionne mal et qu'il y a douleur, excitations, ballonnement, etc., on dit que l'estomac est atteint de dyspepsie. Cette dyspepsie n'est ni une inflammation, ni une ulcération, ni une névralgie ; elle peut-être tout cela à la fois, ou bien ne contenir qu'un seul de ces éléments, mais c'est avant tout une dyspepsie, c'est-à-dire une perversion du sens gastrique, et, de cette aberration de sensibilité fonctionnelle découle tout le cortége des affections de l'estomac. » Cette définition de la dyspepsie nous conduit à celle que je vous ai donnée de la dysmétrie. « Vous trouvez au toucher, continue M. Pidoux, de l'engorgement, une déviation ; au spéculum, vous constatez une érosion, des granulations, un catarrhe, etc., il y a là de la dysmétrie. »

« C'est la dysmétrie qui domine toutes les lésions de l'utérus ; c'est elle qui les entretient, qui les anime, et c'est à cette aberration de la sensibilité organique de l'utérus qu'il faut attribuer toutes les lésions du centre de reproduction de la femme. Mais cette dysmétrie, ce canevas sur lequel viennent se dessiner toutes les affections utérines, d'ou vient-elle? à quoi tient-elle? c'est l'expression d'une diathèse ; elle vient du blastème, elle est inhérente à la femme, elle est venue au monde avec elle et elle l'accompagnera pendant tout le cours de sa vie sexuelle. Toute femme dysmétrique est donc exposée à des souffrances utérines qui se traduisent par toutes sortes de lésions. A un moment donné, la diathèse, sous l'influence de laquelle se trouve placée la femme, va s'éveiller dans tout l'organisme et l'utérus en sera le centre ; voilà tout. Qu'une circonstance occasionnelle, une grossesse, un accouchement se présente, la diathèse est là, en puissance et, frappant l'utérus, elle frappe tout l'organisme. Ainsi, il y a, pour l'évolution de la dysmétrie, deux conditions nécessaires : la première, c'est une cause prédisposante diathésique ; la seconde, c'est une cause occasionnelle déterminante. »

Paris. — A. PARENT, imprimeur de la Faculté de Médecine, rue M.-le-Prince, 29-31.